從 6 種版型學會做 24 款外套

# Outer & Top Style Book

## Jacket, Vest, Coat, Cape

野中慶子　杉山葉子

瑞昇文化

# contents

在日本，擁有四季分明的季節。
是個全年都可享受各種時尚裝扮的環境。
從展現肌膚的服裝到包覆身體的服裝，
可挑選穿著的款式種類相當多元。
感受季節，挑選服裝，
是穿搭的醍醐味。
請試著挑選素材，親自製作、搭配看看。
為了助大家一臂之力，這次本書準備了許多
外套、大衣的穿搭變化。
此外，即便是相同的紙型，亦可更換素材，
充分享受春、秋季節的穿搭方式。

再者，希望大家亦能連同
過去按照Style Book所製作的服裝一起，
試著做出不同的穿搭風格。

# Box-jacket

**Style 1** 箱型外套

在袖襱打褶的短版箱型外套。沒有衣領設計的外套，會因為領口形狀或拼接布的變化、口袋等設計而瞬間改變整體印象。

基本

## Style 1 ＊ Box-jacket

較短的衣長和無領是
箱型輪廓（box silhouette）外套的基本設計。

How to make ⇨ p.42

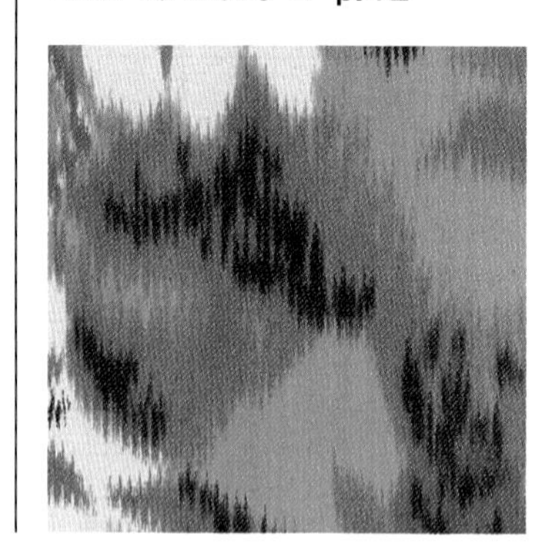

### 基本紙型（正面）

後片在肩膀處打褶，前片在袖襱打褶。衣袖採用基本的兩片袖。

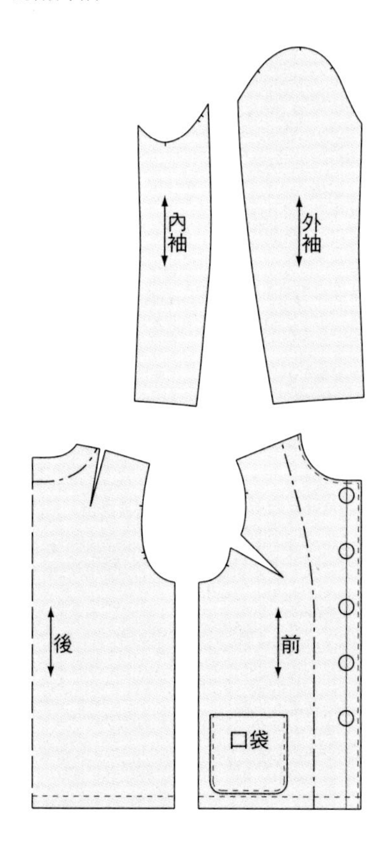

應用 1

## Style 1 ✻ Box-jacket

在前片做出前門襟和釦條（釦子的位置），
後片做出剪接片（Yoke）
拼接的運動型設計。

How to make ⇨ p.44

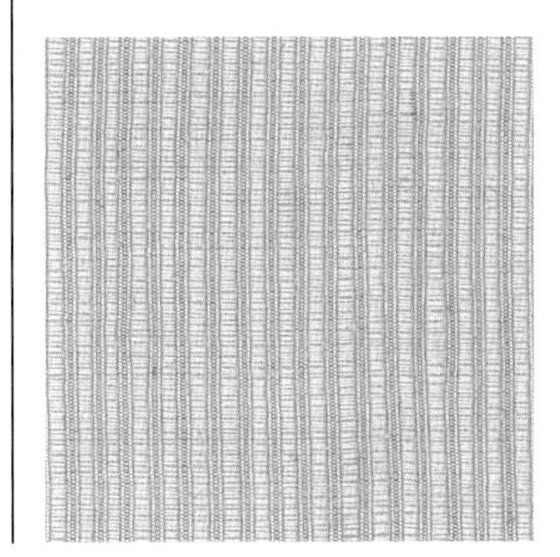

### 紙型的操作

後剪接片（Yoke）要在褶止點的位置做出水平的拼接線，並縫合褶份。前方則要從袖襱褶止點開始做出延伸的垂直拼接線。

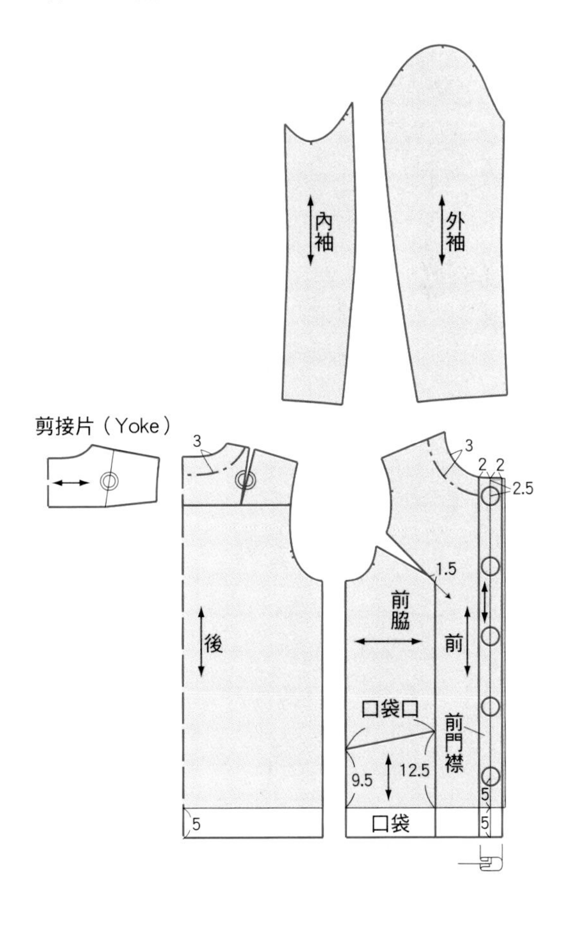

# 應用 2

## Style 1 ✻ Box-jacket

在領口、袖襱、袖口處搭配其它布料。以雙色的設計增添鮮明印象。

How to make ⇨ p.46

### 紙型的操作

後片的肩褶移動至領口。領口、袖襱的拼接布要將褶份縫合，製作出拼接布。

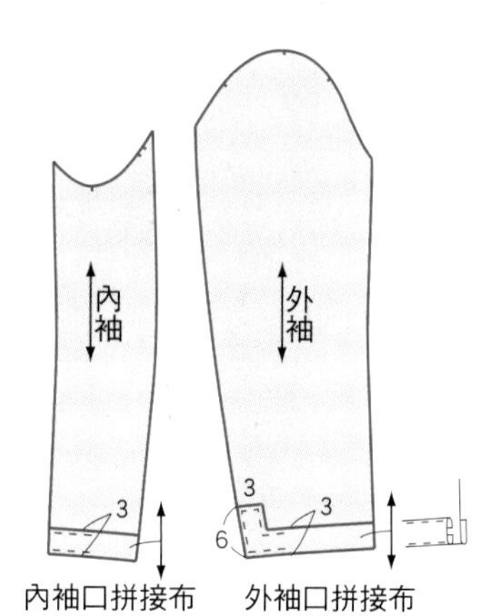


後領口
拼接布
後袖襱
拼接布
前袖襱
拼接布
前領口
拼接布
3
3
3
3
3
1.5
後
前
2
0.5
11
3
3
6

應用 3

## Style 1 ✻ Box-jacket

在袖襱的下方拼接後，搭配上細褶的設計。
可利用素材和色調，營造出熟女的穿搭風格。

How to make ⇨ p.47

### 紙型的操作

前後剪接片（Yoke）要在袖襱的下方部分拼接，後片的肩褶移動至領口，同時，還要將前片的袖襱褶份縫合。

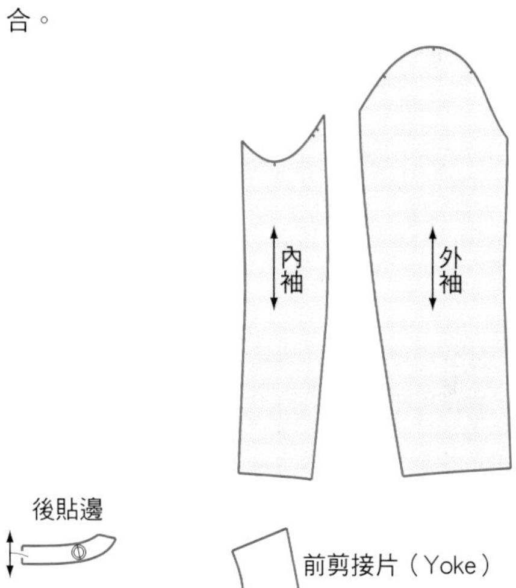


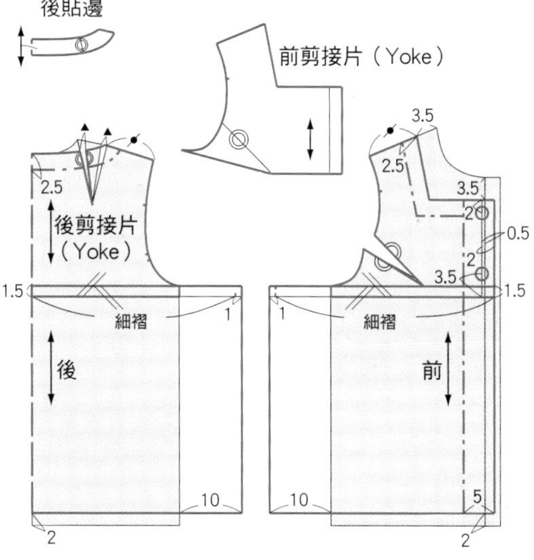

# Box-coat

**Style 2** 箱型大衣

沒有腰褶或拼接的箱型輪廓大衣。可利用配置在肩膀上的褶份做出設計上的變化，並以適當的寬鬆版型，靈活運用各式各樣的素材。

基本

## Style 2 ✻ Box-coat

簡單的無領短大衣。
為避免上半身看起來過寬，
而搭配上鈕釦和裝飾腰帶。
How to make ⇨ p.48

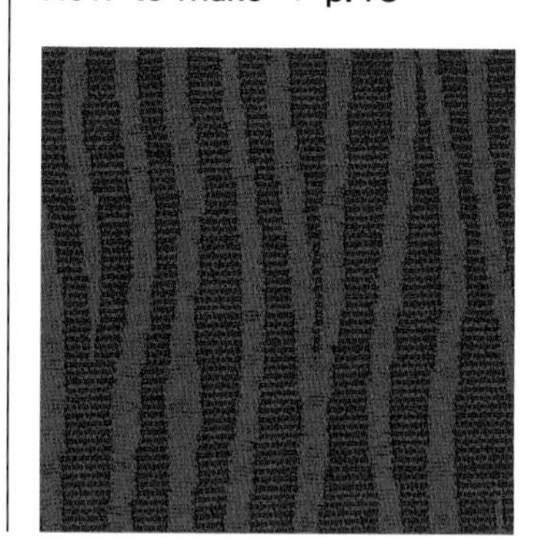

### 基本紙型（正面）

利用裝飾腰帶在腰部做出些微細褶，使簡單的箱型線條更符合身體曲線。

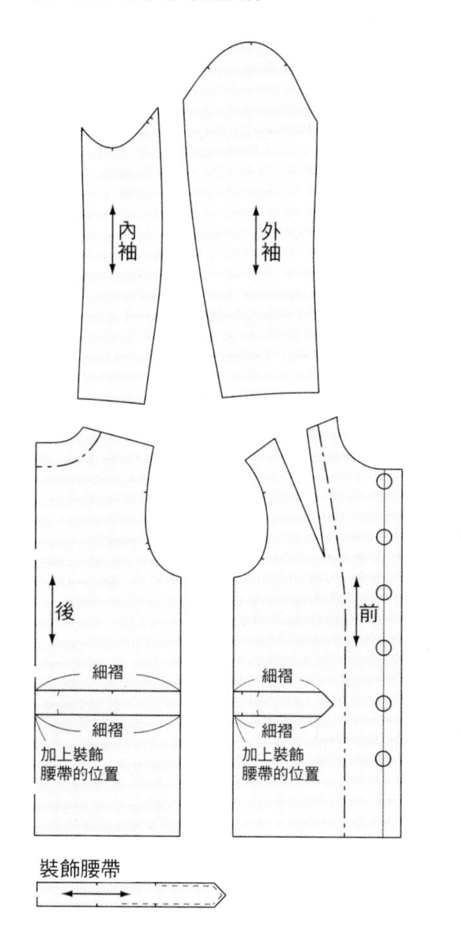

應用 1

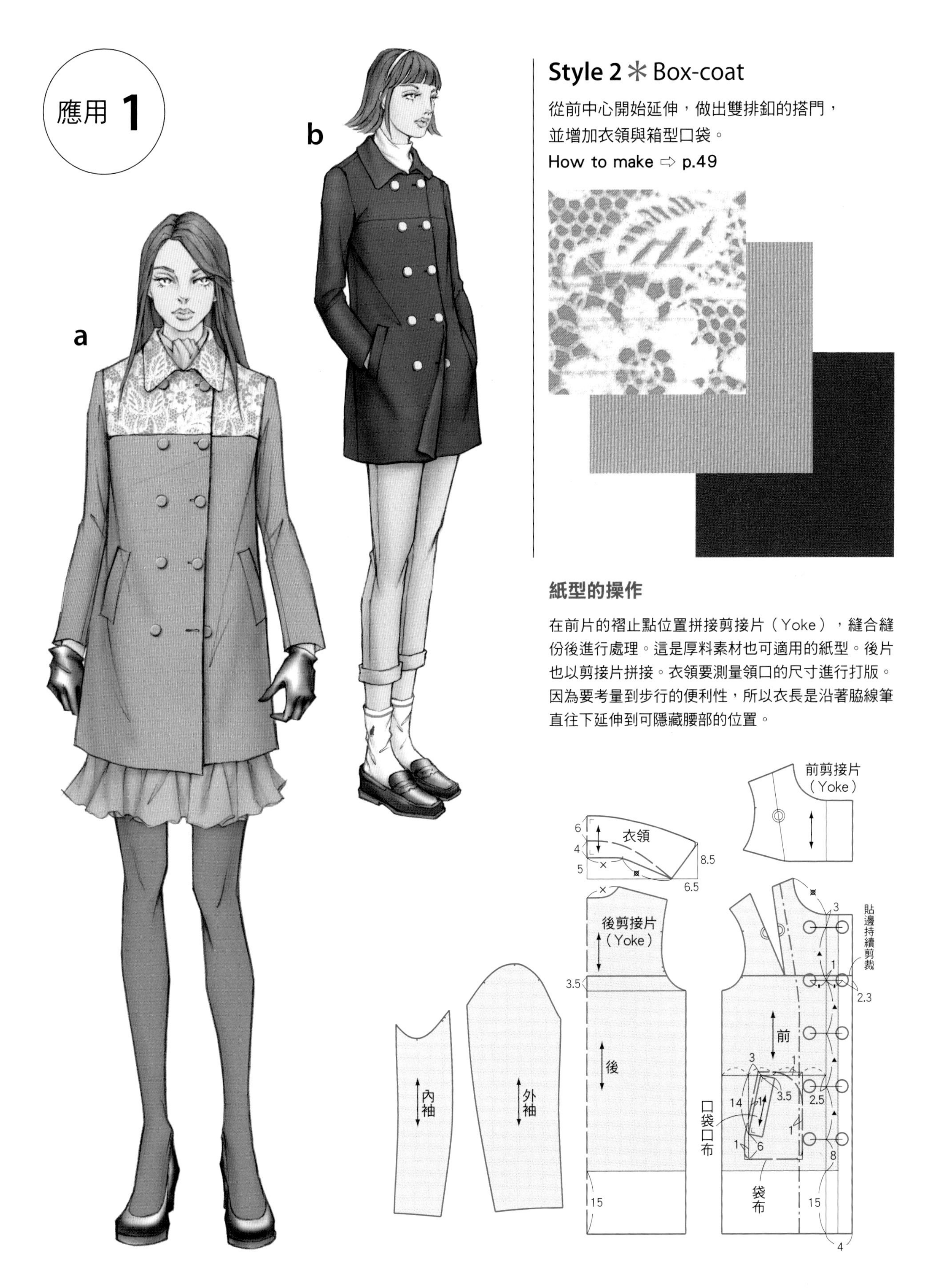


## Style 2 ✻ Box-coat

從前中心開始延伸，做出雙排釦的搭門，
並增加衣領與箱型口袋。

How to make ⇨ p.49

### 紙型的操作

在前片的褶止點位置拼接剪接片（Yoke），縫合縫份後進行處理。這是厚料素材也可適用的紙型。後片也以剪接片拼接。衣領要測量領口的尺寸進行打版。因為要考量到步行的便利性，所以衣長是沿著脇線筆直往下延伸到可隱藏腰部的位置。

## 應用 2

## Style 2 ✻ Box-coat

加上剪接片（Yoke）拼接，以及腰帶般的裝飾布，並嵌上肩章的風衣風格設計。
重點在於皮革部分的運用。

How to make ⇨ p.50

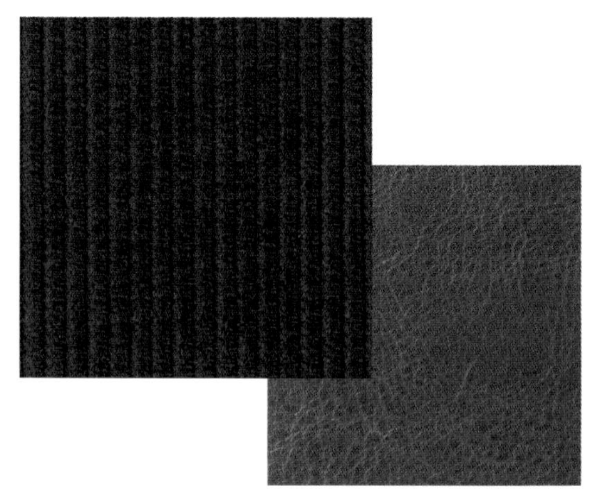

### 紙型的操作

裝飾布要縫合胸褶，進行打版。
衣領要測量領口的尺寸進行打版。

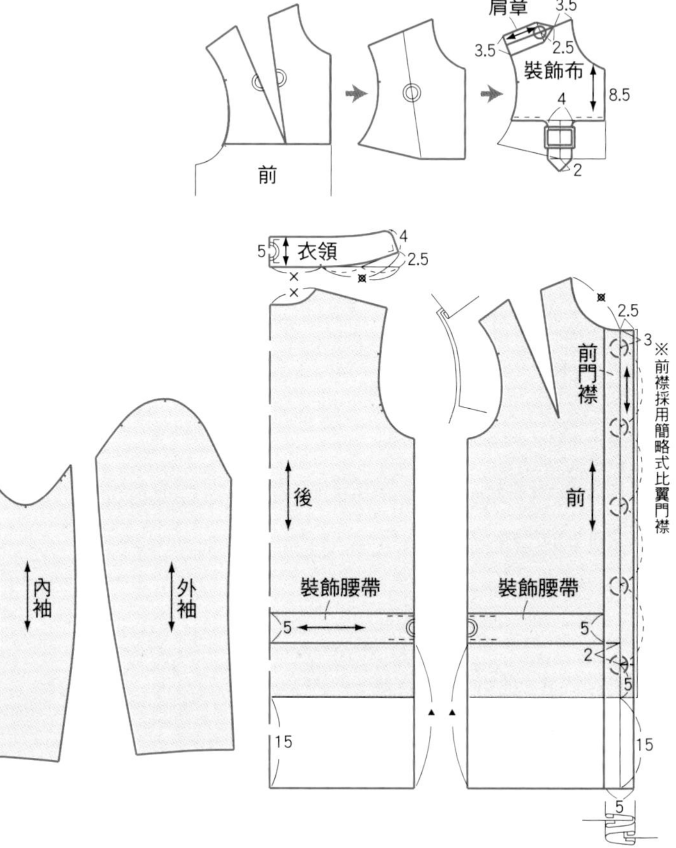

應用 3

## Style 2 ＊ Box-coat

裁掉圓形領口的開襟領大衣。
利用裝飾襟加上變化。

How to make ⇨ p.52

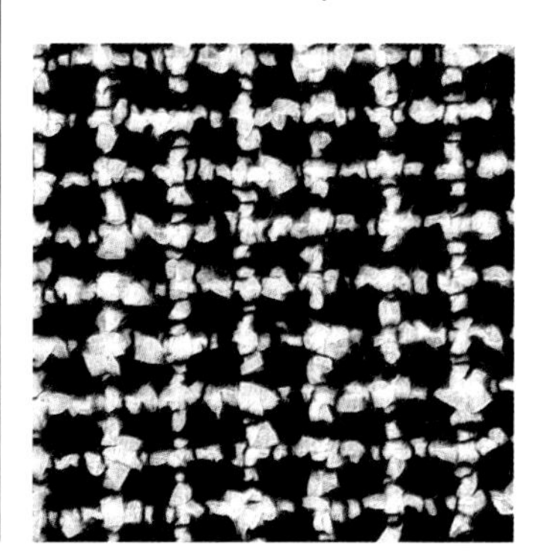

### 紙型的操作

重新拉出前領口線條。拉長衣長，在腰部製作袋蓋口袋及袋布的打版。袋布的大小止於手部可輕鬆深入到底的深度。

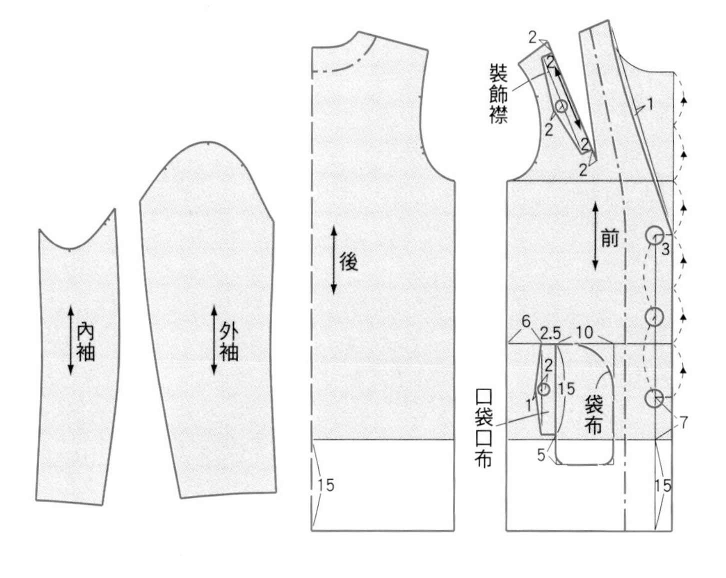

# Vest

**Style 3** 背心

以公主線拼接腰長的背心。
利用拼接，嵌入裝飾布，或者加上口袋或剪接片（Yoke），充分享受異素材組合搭配的樂趣。

應用 2

應用 3

基本

## Style 3 ＊ Vest

公主線的基本款背心。
在身後的腰身部分加上腰帶。
How to make ⇨ p.54

### 基本紙型（背面）

前後片從肩膀到下襬都採用拼接的公主線，
並採用隱藏腰部的衣長。

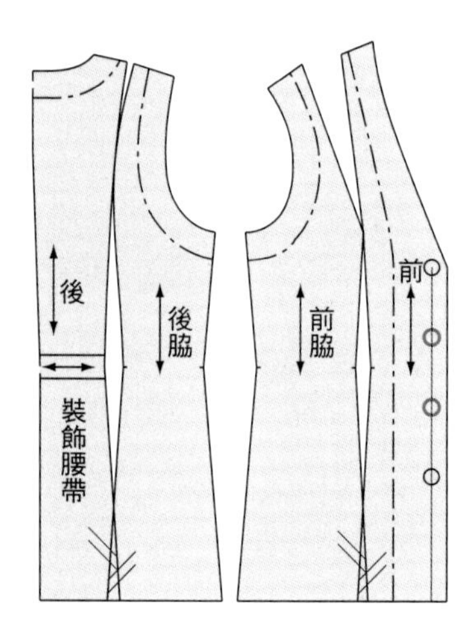

應用 1

## Style 3 ＊ Vest

在公主線的下襬部分
嵌入裝飾布的優雅設計。

How to make ⇨ p.56

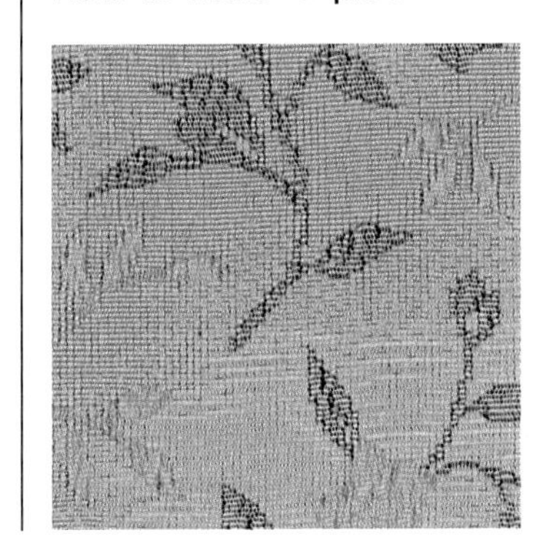

### 紙型的操作

裝飾布要測量縫止點至下襬的尺寸，進行打版。

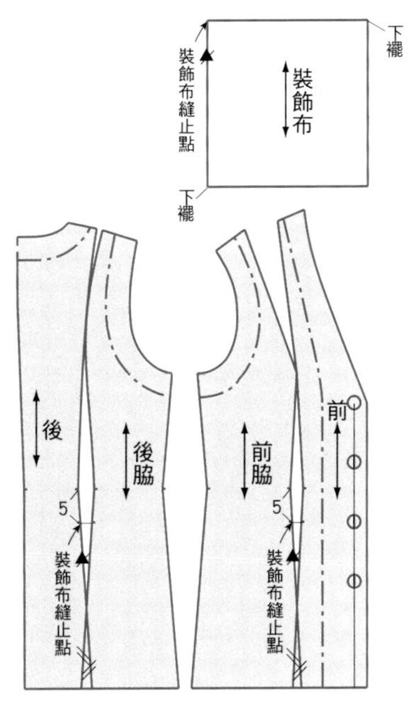

應用 2

## Style 3 ✻ Vest

在領口加上絲瓜領（Shawl Collar）的華麗設計。
在前面的拼接加上縫芯線，
依素材的不同，
做出正式的服裝。

How to make ⇨ p.58

### 紙型的操作

絲瓜領就直接使用前片的領口和肩部的線條進行打版。

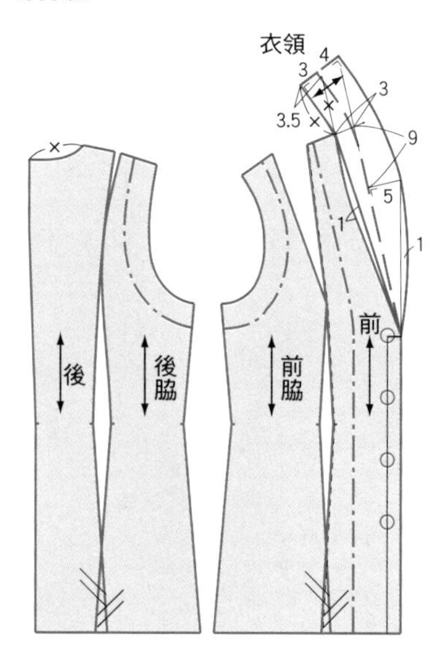

應用 3

## Style 3 ＊ Vest

在口袋和剪接片（Yoke）的拼接處
加上流蘇的輕便設計。

How to make ⇨ p.59

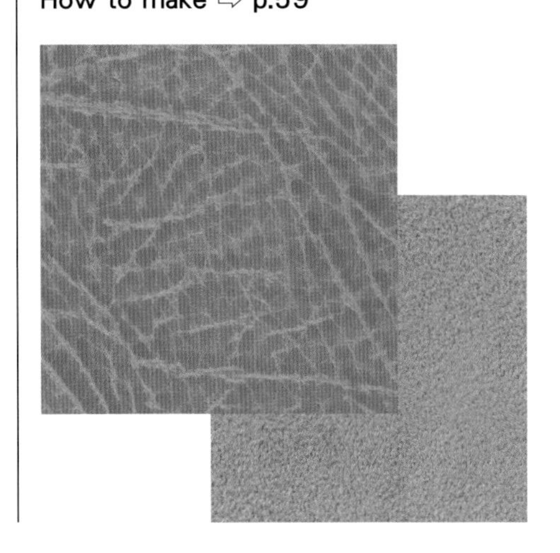

### 紙型的操作

前後剪接片（Yoke）是將公主線的拼接縫合。
打版時，要使剪接線（Yoke）與縫合時的尺寸
相同。

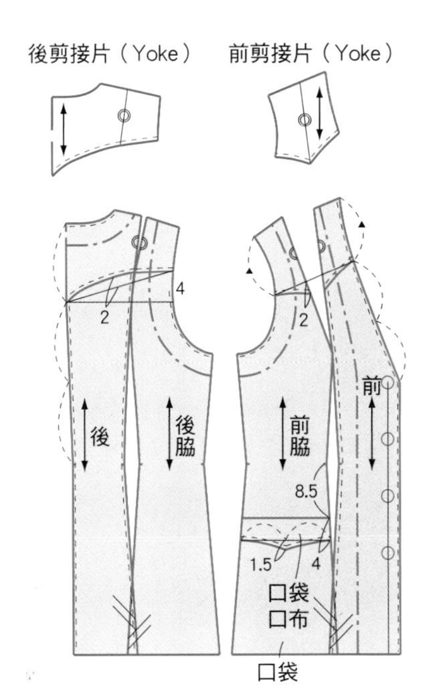

# Panel-jacket

**Style 4** 挺型外套

從身片的袖襱開始拼接於派內爾線（Panel Line）的基本款外套。可做出從男性款到女性款的多種設計變化。

基本

## Style 4 ✱ Panel-jacket

無領的簡單輪廓。
強調派內爾線的設計。
How to make ⇨ p.60

### 基本紙型（背面）

從袖襱起始的拼接線要通過胸點的位置，藉此產生纖細的視覺效果。

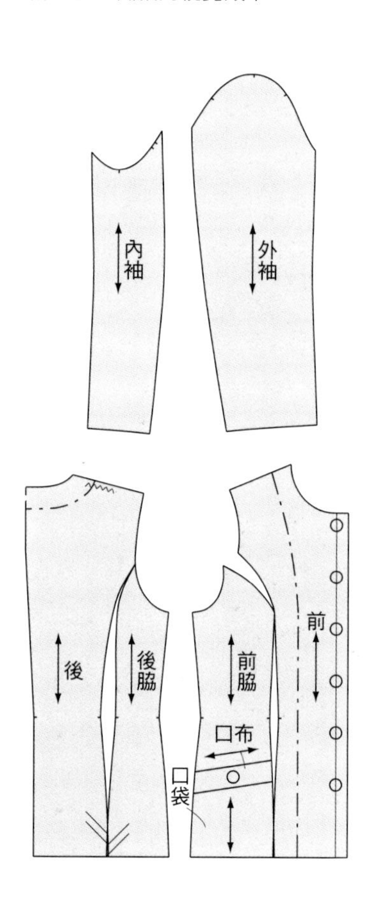

應用 1

## Style 4 ✻ Panel-jacket

加上西裝風格的衣領，
藉此做出男性化的設計。
採用符合男性風格的素材。
How to make ⇨ p.61

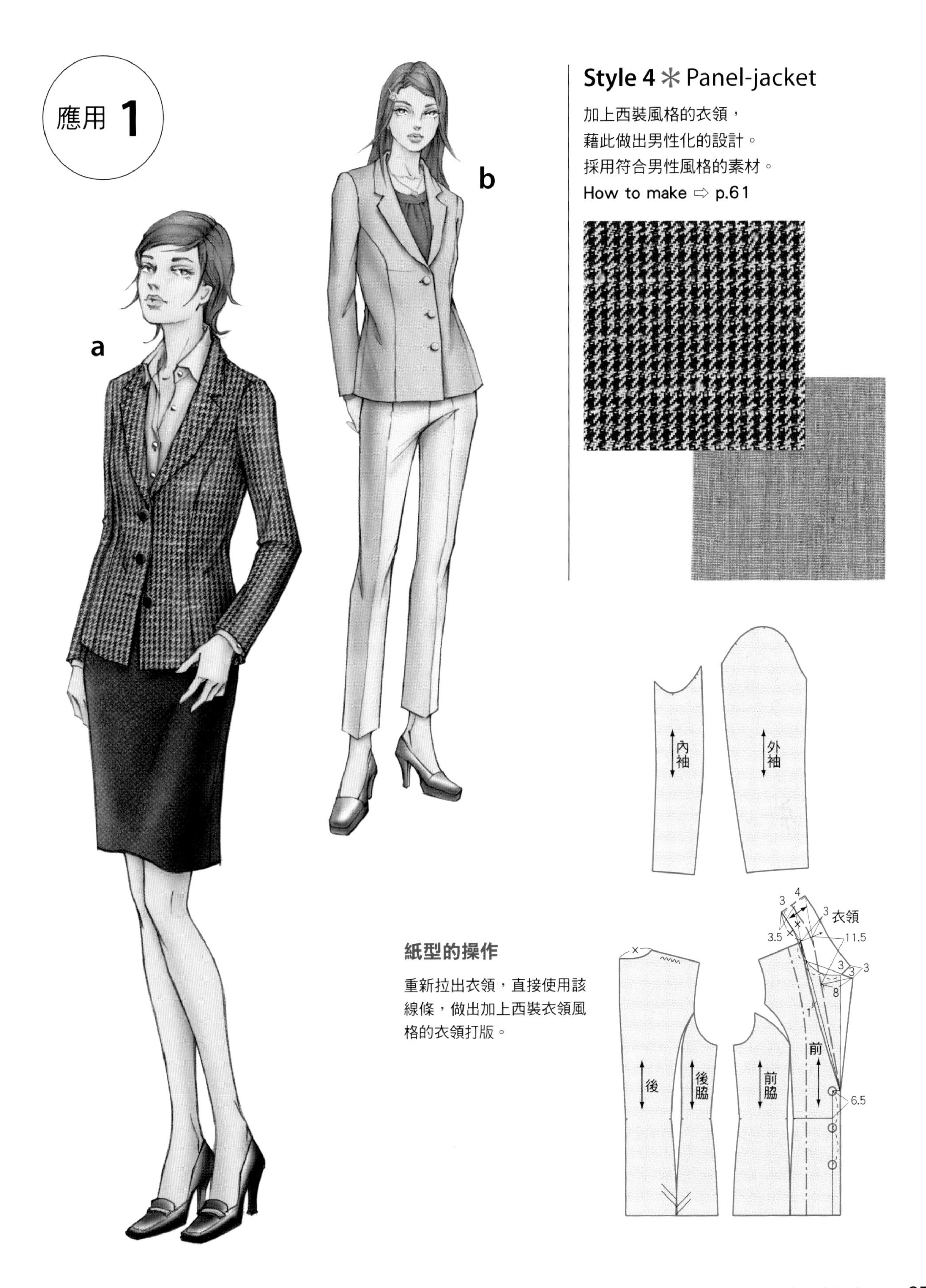


### 紙型的操作

重新拉出衣領，直接使用該線條，做出加上西裝衣領風格的衣領打版。

應用 **2**

## Style 4 ＊ Panel-jacket

在下襬拼接的裙腰剪裁外套，
採用拉鏈開襟
加上壓繡線的設計。

How to make ⇨ p.62

### 紙型的操作

在低腰的位置進行拼接，下襬的部分進行縫合。剪裁前端的搭門部分，並製作成縫合的開口拉鍊。

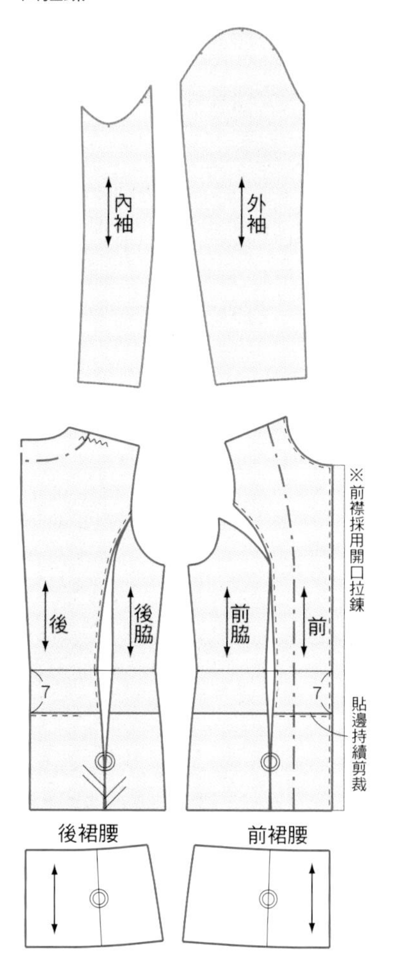

## 應用 3

### Style 4 ✻ Panel-jacket

採用下襬裙腰和垂瀑領設計的外套。
採用柔和的素材及圖樣，
打造出更女性化的柔媚形象。

How to make ⇨ p.64

### 紙型的操作

在前脇打褶。拼接腰節並剪裁衣長，然後拉出裙腰的版型。垂瀑領使用身片的領口和肩部，拉出衣領的線條並裁開領圍，增加垂瀑部分。

# Cape

**Style 5** 披肩

包覆肩膀的小型披肩。不妨礙活動，兼具披肩風格的時尚設計。是款只要改變素材，全年都可穿搭的服飾配件。

基本

## Style 5 ＊ Cape

圓形無領的短披肩。
採用單顆鈕釦的簡單設計。
How to make ⇨ p.66

### 基本紙型（正面）

使肩頭的圓弧平順，同時兼具沉穩感的線條。因為前肩線的傾斜比後肩線強烈，所以才能營造出這種沉穩感。

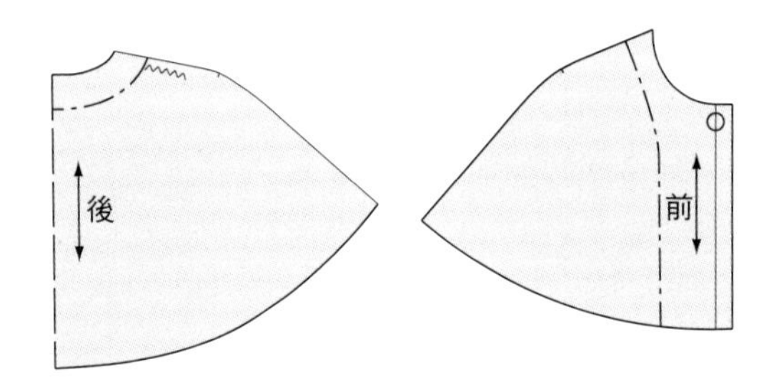

應用 1

## Style 5 ✻ Cape

前後肩頭以上的部分，以剪接片（Yoke）拼接覆蓋，並在下襬加上裙襬的女性化設計。

How to make ⇨ p.67

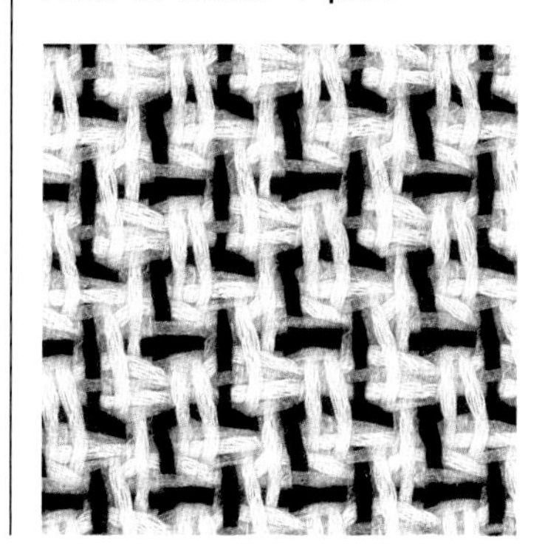

### 紙型的操作

前後剪接片（Yoke）要在SP（肩點）至6cm的位置，拉出平緩彎曲的拼接線。前後將剪接片（Yoke）端和下襬端各自分成四等分，再拉出裁開線，並且僅將下襬端的裙襬部分裁開。後方也要在中心部分增加裙襬。

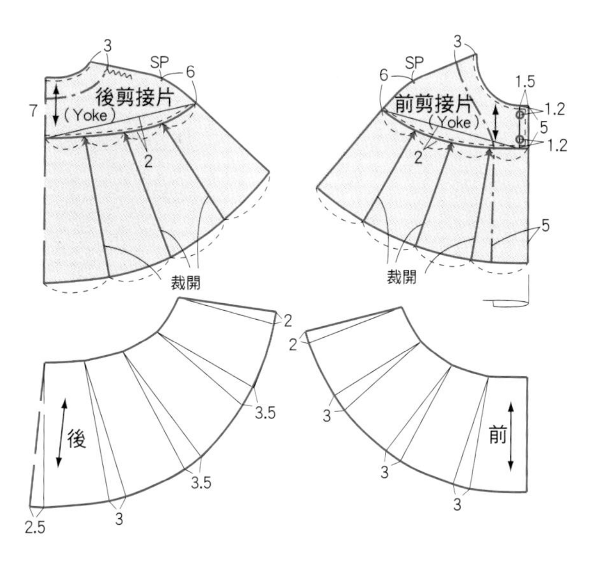

## 應用 2

## Style 5 ✻ Cape

為了減少披肩的份量，
而在肩頭進行拼接，並加上細褶，
藉此呈現出份量感的設計。

How to make ⇨ p.68

### 紙型的操作

將前後片的肩線拼接成公主線風格，並製作出袖子。拉長袖山線，增加足以做出細褶的袖山。縫合前後的袖子。

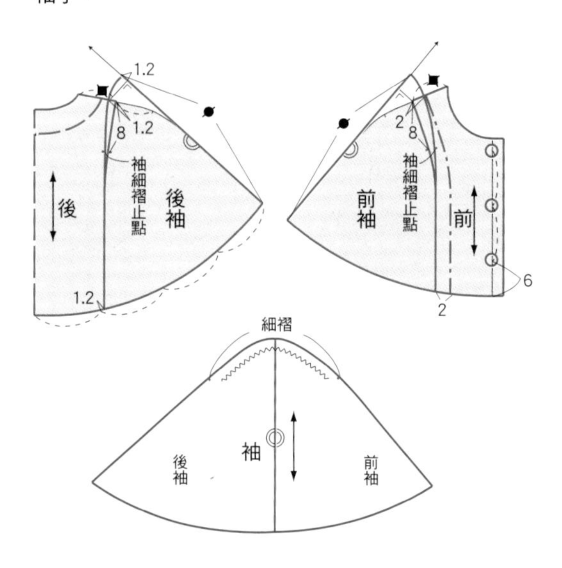

應用 3

## Style 5 ＊ Cape

加上附領台的衣領和肩章的
風衣造型披肩。
素材採用軋別丁（Gabardine）或
平針織物（Kersey）皆可。
How to make ⇨ p.69

### 紙型的操作

在前端增加雙排釦的搭門。測量前後領口的尺寸，製作附領台的襯衫領版型。肩章也要進行打版。

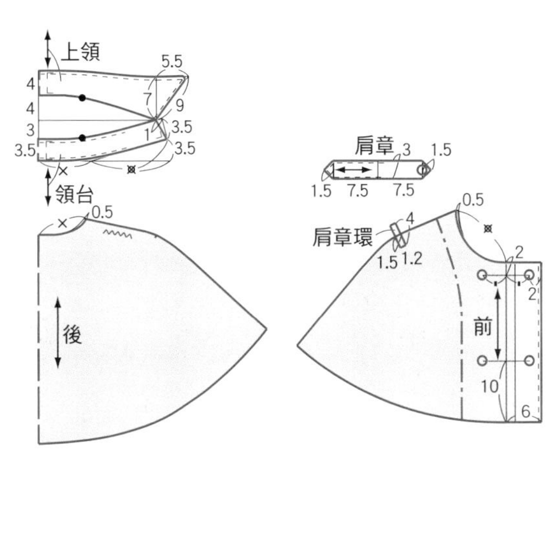

# Flared-coat

**Style 6** 裙襬大衣

在身片下襬加上裙襬的半身長大衣。
袖子採用縫袖較輕鬆的拉克蘭袖。也可透過衣領的設計改變整體的形象。

基本

## Style 6 ✻ Flared-coat

加上裙襬的短大衣可使
裙襬部分展現出柔美感。
採用衣料纖維較為柔軟的素材。
How to make ⇨ p.70

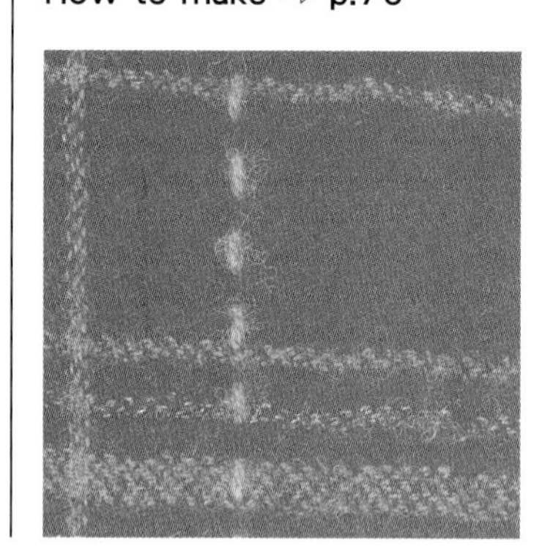

### 基本紙型（背面）

前後片加入大量的裙襬份。袖子採用拼接袖山的拉克蘭袖。衣領採用領尖呈圓形的圓角領。

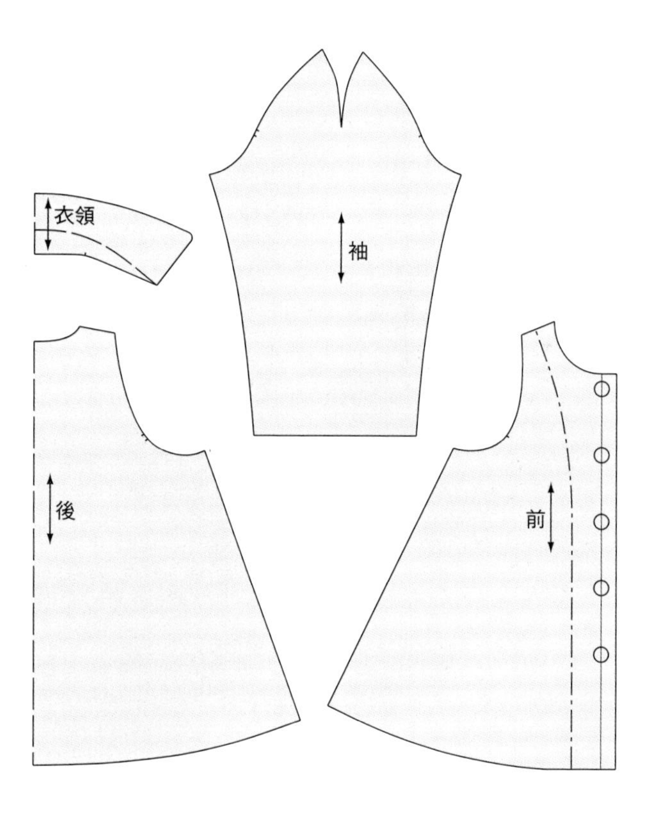

應用 1

## Style 6 ＊ Flared-coat

無領，同時身片的裙襬採用
更能強調裙襬的方形線設計。

How to make ⇨ p.71

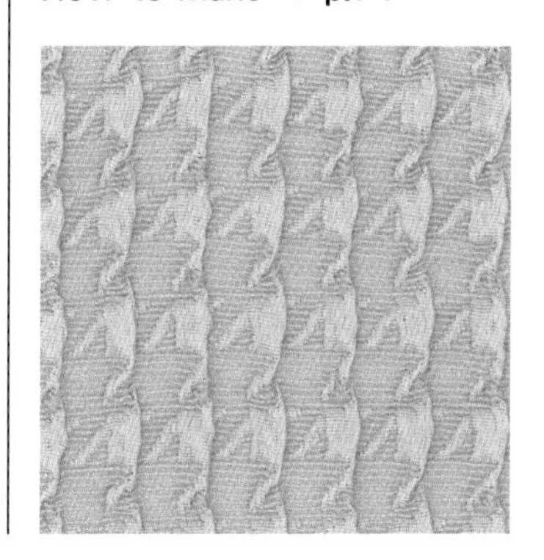

### 紙型的操作

將前後片的下襬打版成四方形。以20cm的固定尺寸拉線，但考量到下襬尖角的縫法，這裡要避免做出銳角。

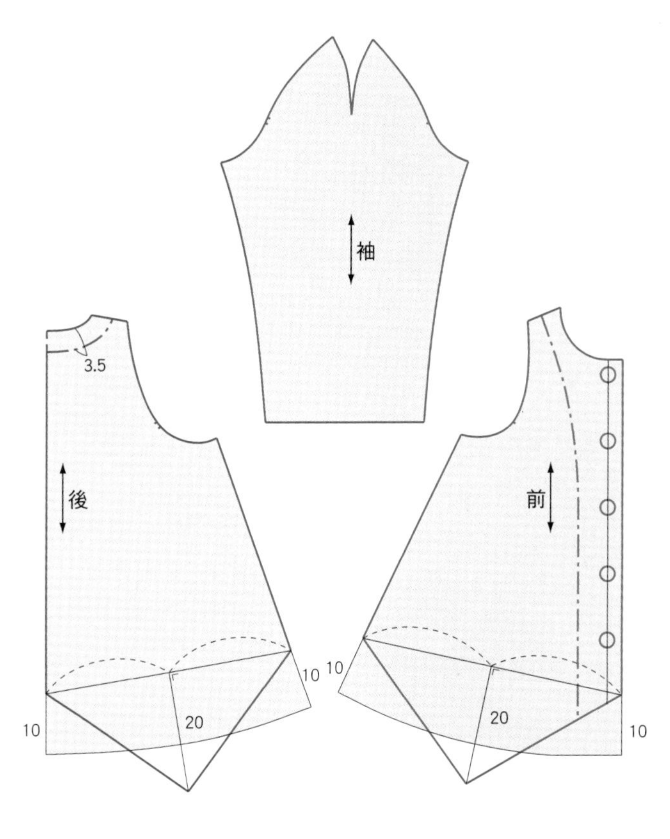

應用 **2**

## Style 6 ✻ Flared-coat

將領口製成一字領，
腰部做抽皺的設計。

How to make ⇨ p.72

### 紙型的操作

將身片到袖山打版成一字領的拼接布。前後的拼接布縫合身片和袖山部分。貼布和腰繩也要打版。

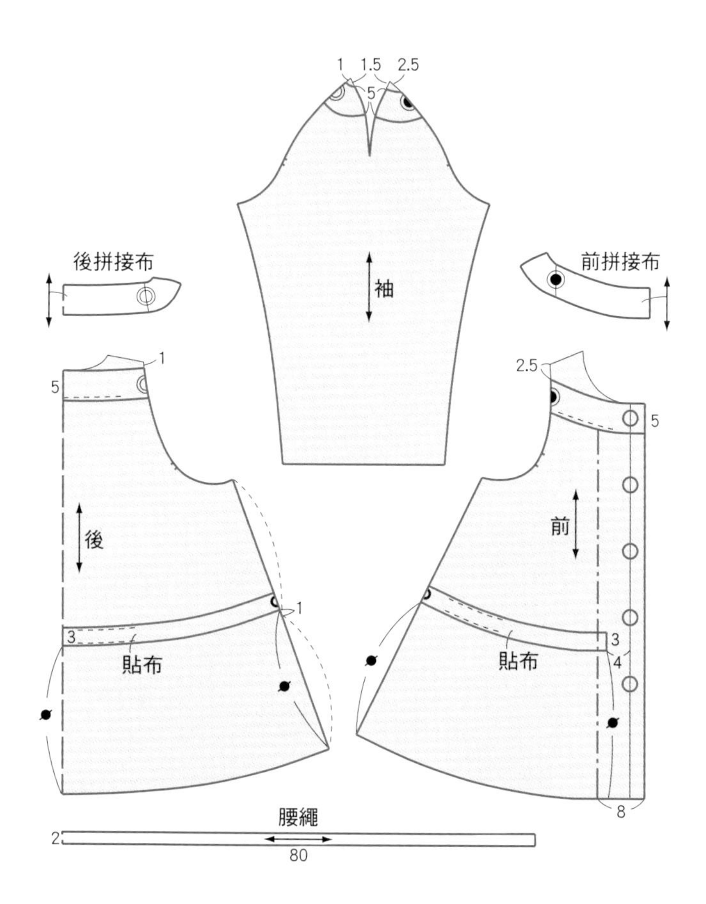

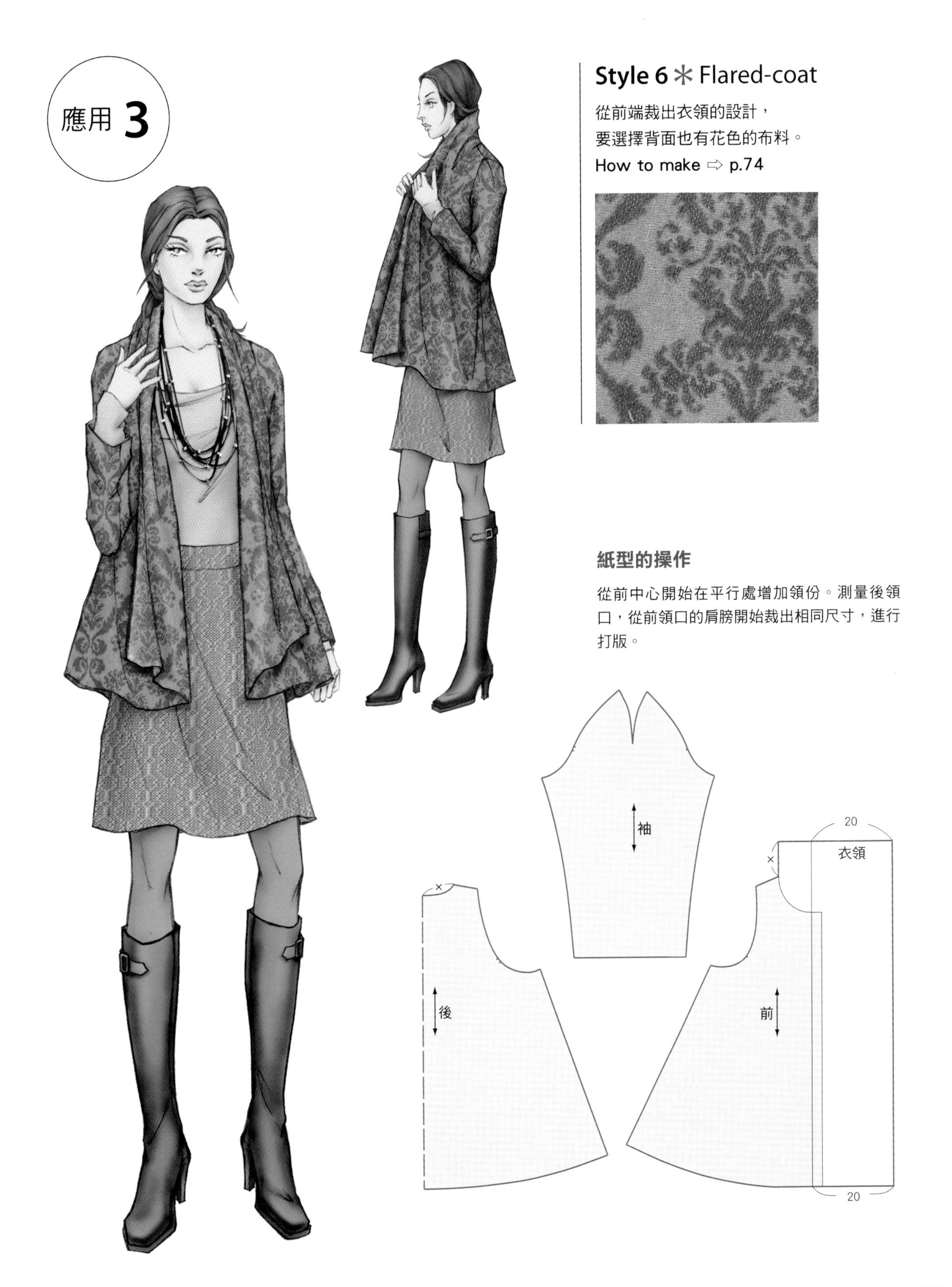

應用 3

## Style 6 ＊ Flared-coat

從前端裁出衣領的設計，
要選擇背面也有花色的布料。

How to make ⇨ p.74

### 紙型的操作

從前中心開始在平行處增加領份。測量後領口，從前領口的肩膀開始裁出相同尺寸，進行打版。

# How to make

## 實物大紙型的使用方法與作品的製作方法

Outer & Top Style Book是利用插圖方式，介紹6種基本設計與相關應用設計。
6種基本設計包含了S、M、ML、L的尺寸，其展開的實物大紙型就刊載於附錄。

## 實 物 大 紙 型 的 使 用 方 法

### 1. 選擇設計

從6種款式的插圖中，選擇欲製作的設計。

### 2. 描繪紙型

**●選擇基本設計時**

從實物大的S、M、ML、L中，選擇欲製作的尺寸紙型，並描繪在牛皮紙等其他紙張上。
這個時候，請不要忘記描繪貼邊線及拼合記號。

### 3. 紙型的操作

**●選擇基本設計以外的應用1、應用2、應用3時**

①首先，在其他紙張上描繪款式為基本設計的實物大紙型。
②使用步驟①描繪的基本紙型線，剪裁所選之設計的紙型。
紙型的操作方法可參考各設計插圖旁的說明。

□ 基本設計紙型

—— 應用設計紙型的操作線和完成線

這時候的尺寸不是標準尺寸，大多都是採用等分線，
主要是為了避免因各尺寸而造成不平均。
完成線剪裁完成後，畫出貼邊線及拼合記號。
衣長及袖長請在紙型完成之後，平行增減下襬線、袖口線。

### 4. 完成紙型

口袋及貼邊等相互重疊的紙型，要個別描繪在牛皮紙等其他紙張上。
這個時候，有打褶等縫合指示的部分，要一邊對接一邊描繪。
此外，縫合部分及前後的肩部、脇邊等，要讓各自的紙型縫線對接，
修正紙型的接線使其順利連接，如此即完成。

## 材 料 與 裁 片 配 置 圖

假設實際以布進行製作的情況，所需材料估計為一般的布料寬（110cm寬）。
因設計及紙型形狀的不同，有時也會需要更寬的布。
裁片配置圖是以M尺寸的紙型所配置而成。
紙型尺寸、布寬不同，或調整了衣長與袖長的時候，也要改變布長。

## 實物大紙型正面

### Style 1
**箱型外套**　基本

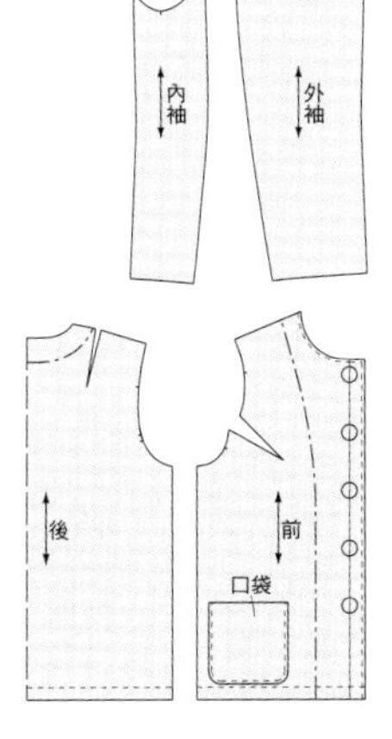


### Style 2
**箱型大衣**　基本

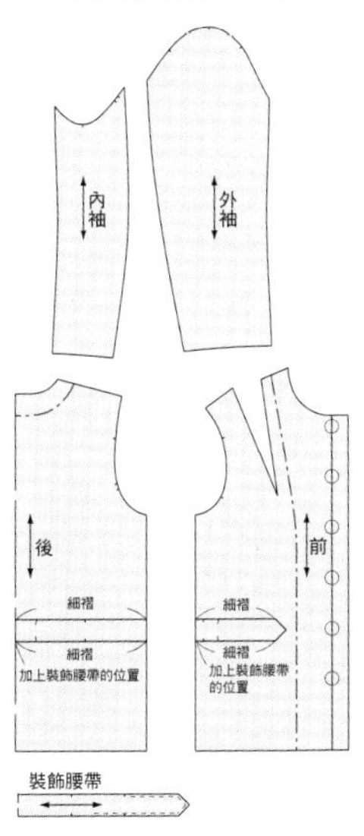


### Style 5
**披肩**　基本

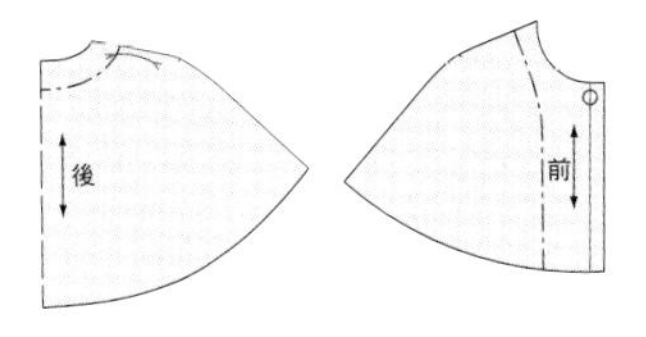


## 實物大紙型背面

### Style 3
**背心**　基本

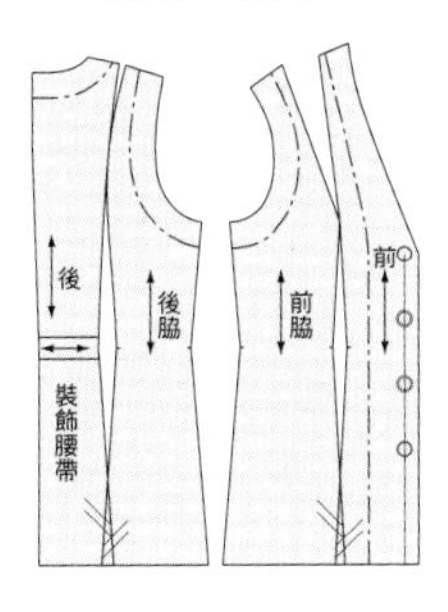


### Style 4
**挺型外套**　基本

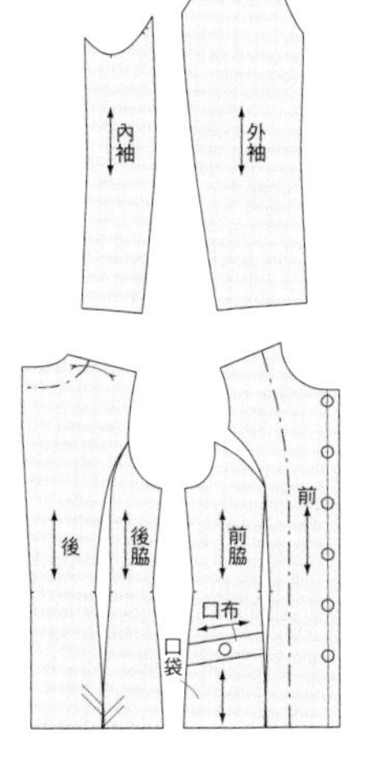


### Style 6
**裙襬大衣**　基本

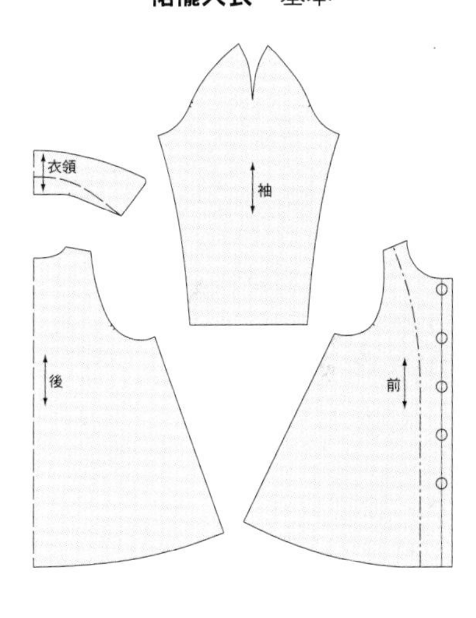


## 尺寸表（裸身尺寸）

（單位：cm）

| 名稱 ＼ 尺寸 | S | M | ML | L |
|---|---|---|---|---|
| 身　高 | 156 | 160 | 164 | 168 |
| 胸　圍 | 79 | 83 | 87 | 91 |
| 腰　圍 | 60 | 64 | 68 | 72 |
| 臀　圍 | 86 | 90 | 94 | 98 |

# Box-jacket

**Style 1** 箱型外套

page 6

**●必備紙型（正面）**

後片、前片、內袖、外袖、前貼邊、後領口貼邊、口袋

**●材料**

表布＝110cm寬

（S、M）2m10cm

（ML、L）2m30cm

黏著襯＝90cm寬60cm

直徑2cm的鈕扣5顆

**●準備**

在前後貼邊、袖口、口袋口貼上黏著襯。

除前後片的脇邊、袖子的袖山以外，口袋口的縫份要進行M。

※M是「拷克（車布邊）」的簡稱。

**●縫法順序**

1　製作口袋，並縫在衣身上。

2　車縫前片的褶，倒向上側。

3　車縫後片的褶，倒向中心側（肩的縫份要進行M）。

4　車縫前後片的肩，燙開縫份。

5　車縫前後貼邊的肩，燙開縫份（貼邊內側要進行M）。

6　將衣身和貼邊正面相向疊合，並持續車縫領口、前端、前端下襬。

7　翻到表面，在前端、領口處加上壓繡線。

8　車縫脇邊，燙開縫份（衣身的下襬要進行M）。

9　將下襬往上折，加上壓繡線。

10　縫合內袖、外袖，燙開縫份。

11　將袖口往上折，加上壓繡線。

12　接合衣袖（縫份要2片一起進行M）。

13　在前中心製作釦眼，縫上鈕釦。

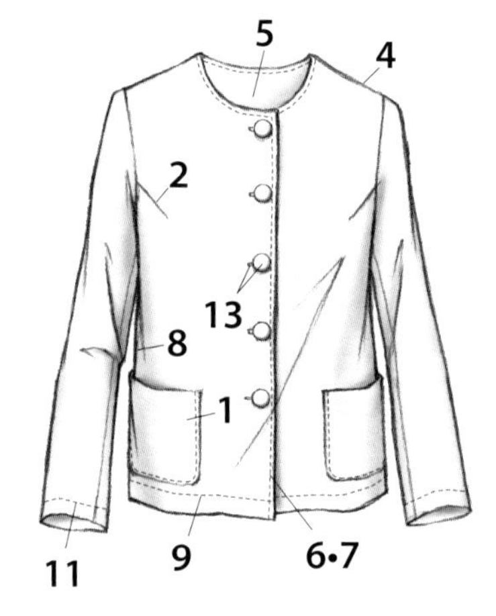


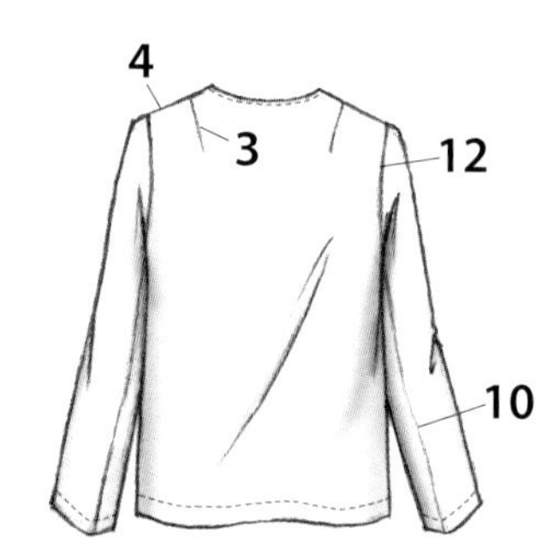


**裁片配置圖**

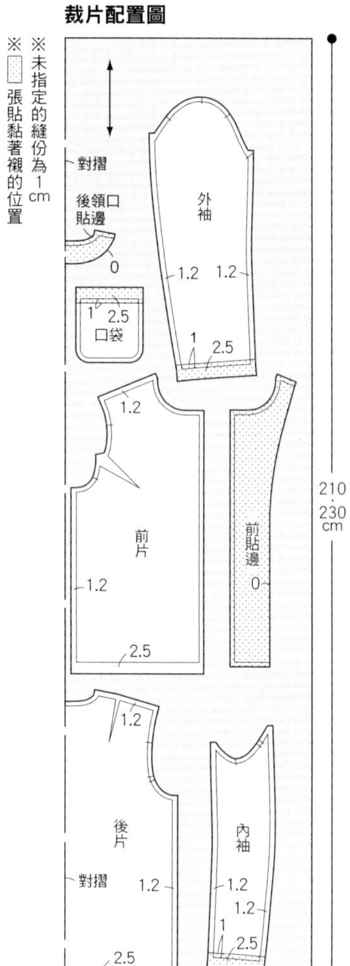

## 6,7 領口的縫法

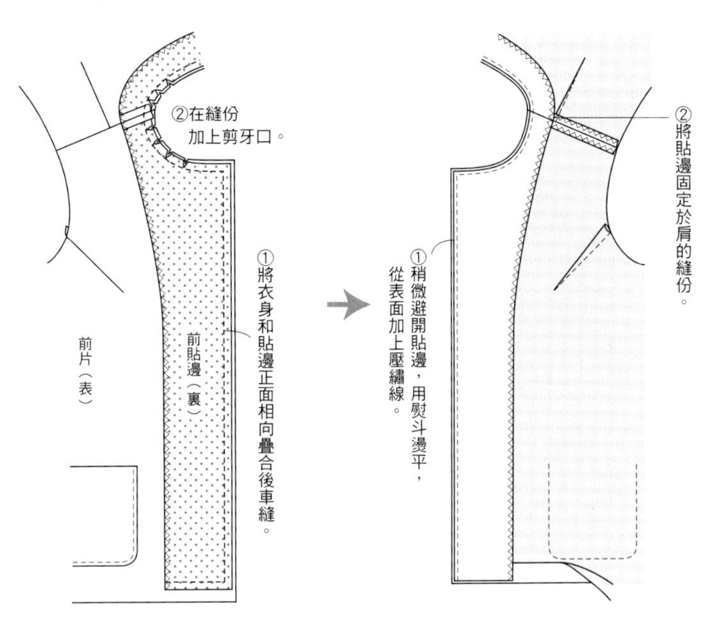


## 10～12 袖子的製作方法、接合法

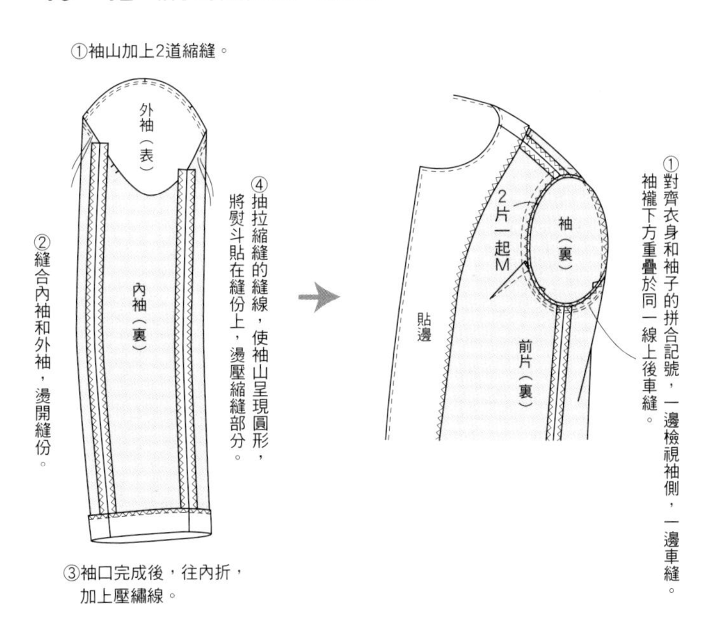

# Box-jacket

**Style 1** 箱型外套

page 7

**●必備紙型（正面）**

後片、前片、內袖、外袖、前脇、剪接片、前門襟、前貼邊、後貼邊、口袋

**●材料**

表布＝110cm寬
（S、M）2m40cm
（ML、L）2m60cm
黏著襯＝90cm寬60cm
直徑2cm的鈕扣5顆

**●準備**

在前門襟、前後貼邊、袖口、口袋口貼上黏著襯。

除前後片的肩、後片的脇邊、袖子的袖山以外，口袋口的縫份要進行M。

※M是「拷克（車布邊）」的簡稱。

**●縫法順序**

1 製作口袋，以疏縫固定於前脇。
2 車縫前後片和前脇（縫份要2片一起進行M）。縫份要倒向前片側（脇邊的縫份進行M）。
3 車縫後片和剪接片（縫份要2片一起進行M）。縫份要倒向剪接片側。
4 車縫前後片的肩，燙開縫份。
5 車縫前後貼邊的肩，燙開縫份（貼邊的內部要進行M）。
6 車縫脇邊，燙開縫份（衣身的下襬進行M）。
7 利用熨燙折疊下襬。
8 車縫前門襟和衣身，將縫份倒向前門襟側。
9 將衣身和貼邊正面相向疊合，並車縫領口。前門襟的下襬也要車縫。
10 翻至表面燙整，盲縫前門襟、下襬。
11 縫合內袖、外袖，燙開縫份。
12 將袖口往上折，盲縫。
13 接合袖子（縫份要2片一起進行M）。
14 在前中心製作釦眼，縫上鈕釦。

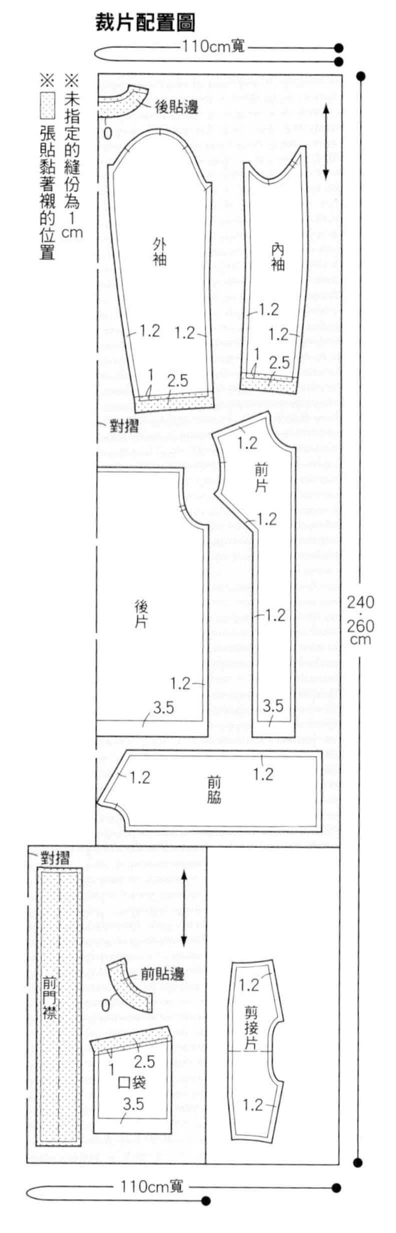


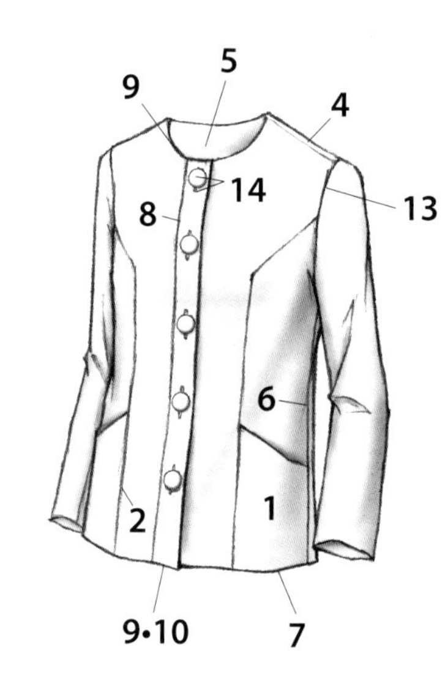


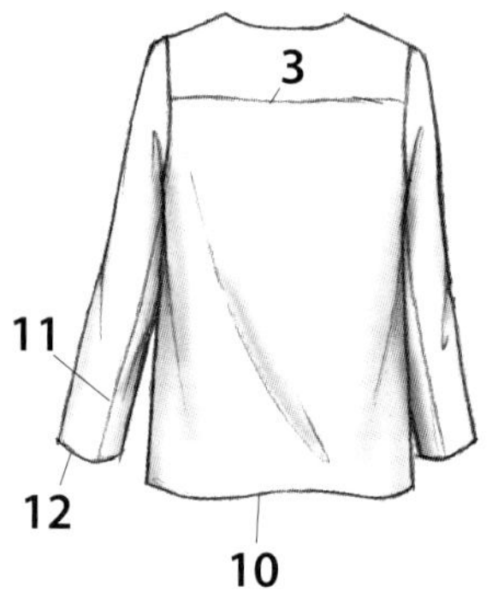

## 1,2 的縫法

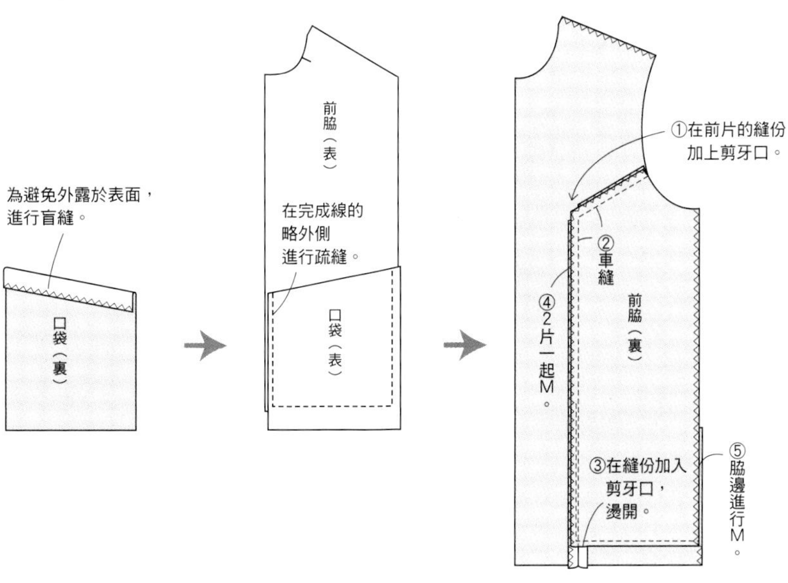


## 8,9 前門襟、貼邊的接合法

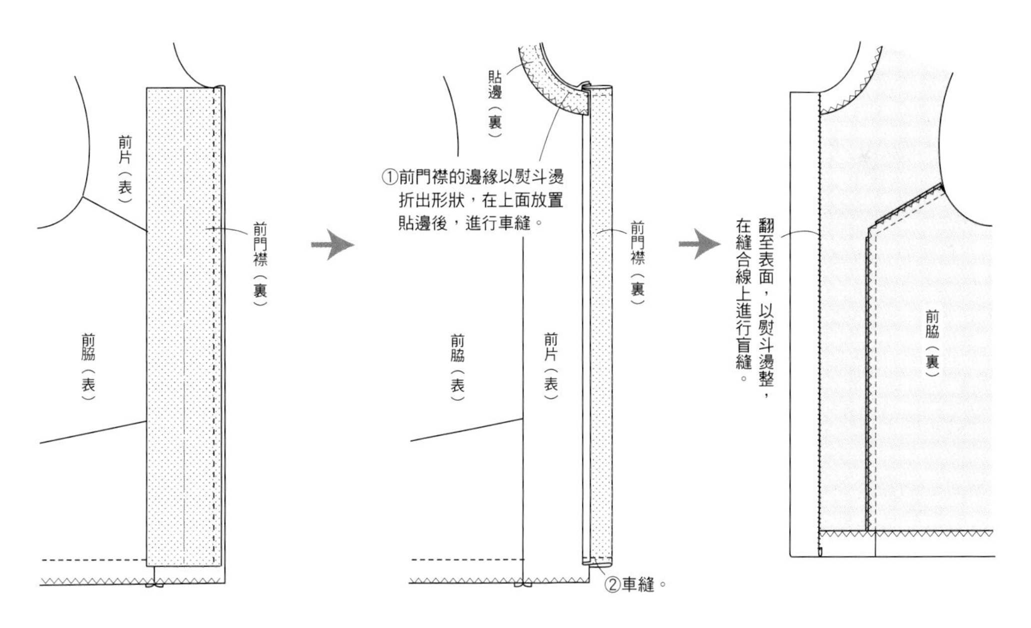

# Box-Jacket

**Style 1** 箱型外套

**●必備紙型（正面）**

後片、前片、內袖、外袖、前領口拼接布、後領口拼接布、前貼邊、後貼邊、後袖襱拼接布、前袖襱拼接布、外袖口拼接布、內袖口拼接布

**●材料**

表布＝110cm寬

（S、M）2m10cm

（ML、L）2m30cm

配布＝110cm寬45cm

黏著襯＝90cm寬60cm

直徑2cm的鈕扣6顆

**●準備**

將黏著襯貼在前後貼邊、袖口。

**●縫法順序**

1 車縫前片的褶，倒向上側。
2 車縫後片的褶，倒向中心側。
3 在前後片接合袖口拼接布。
4 在前後片接合袖襱拼接布（前後片的肩、脇邊、前片的貼邊內側進行M）。
5 車縫前後貼邊的肩，燙開縫份。以熨斗將貼邊內側折燙出完成形狀。
6 將衣身和貼邊正面相向疊合，並車縫領口。貼邊的下襬也要車縫。
7 翻至表面燙整，將領口貼邊盲縫在拼接布的縫合線邊緣。
8 車縫脇邊，燙開縫份。
9 衣身的下襬進行M。將下襬往上折後，盲縫。
10 與步驟**3**相同，接合內袖、外袖的袖口拼接布（角的縫份要加上剪牙口）。袖山以下的部分進行M。
11 縫合內袖、外袖，燙開縫份。
12 將袖口往上折後，盲縫。
13 接合袖子。縫份要2片一起進行M。
14 在前中心製作釦眼，縫上鈕釦。

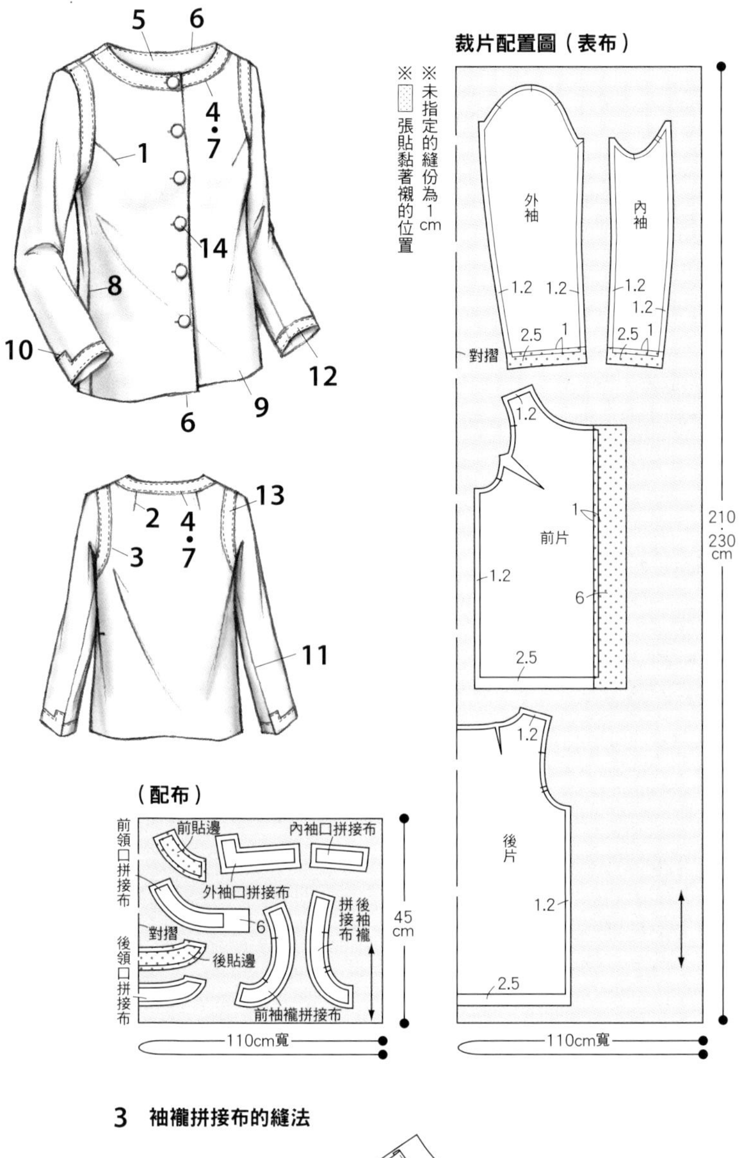


### 3 袖襱拼接布的縫法

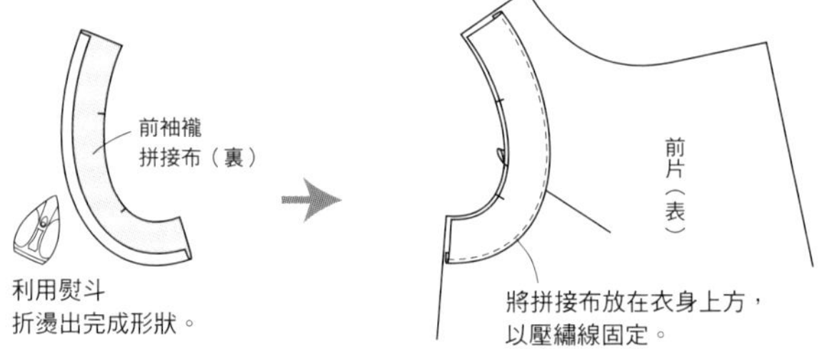


### 4 領口拼接布的縫法

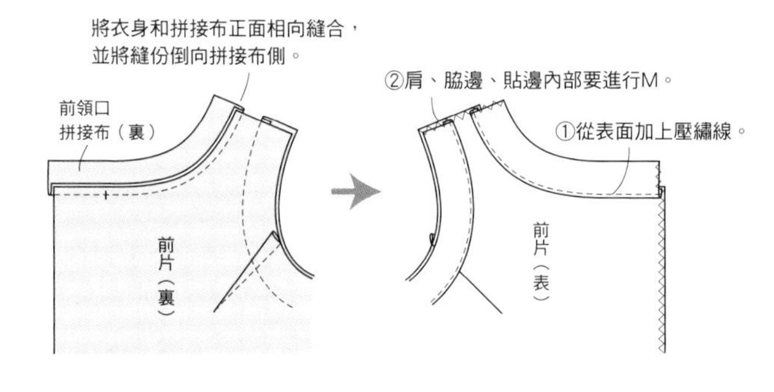

# Box-jacket

**Style 1** 箱型外套

**●必備紙型（正面）**

後片、前片、內袖、外袖、後剪接片、前剪接片、後貼邊、前貼邊

**●材料**

表布＝110cm寬

（S、M）2m10cm

（ML、L）2m30cm

黏著襯＝90cm寬50cm

直徑1.5cm的鈕扣2顆

**●準備**

將黏著襯貼在前後貼邊、袖口。

除前後片的肩、脇邊、袖子的袖山以外，縫份要進行M。

※M是「拷克（車布邊）」的簡稱。

**●縫法順序**

1 車縫後剪接片的褶，倒向中心側。

2 車縫前後剪接片的肩，燙開縫份。

3 車縫前後貼邊的肩，燙開縫份。貼邊內部進行M。

4 將剪接片和貼邊正面相向疊合，車縫領口。

5 翻至表面燙整。

6 車縫前後剪接片的脇邊，燙開縫份。下襬進行M。

7 車縫前後片的脇邊，燙開縫份。下襬進行M。

8 衣身的上端捲縫收邊。在完成線加上使細褶靠近的疏縫。

9 讓細褶靠近衣身，放上剪接片，接合完成線車縫。將下襬往上折後，盲縫。

10 縫合內袖、外袖，燙開縫份。

11 將袖口往上折後，盲縫。

12 接合袖子。縫份要2片一起進行M。

13 在前中心製作釦眼，縫上鈕釦。

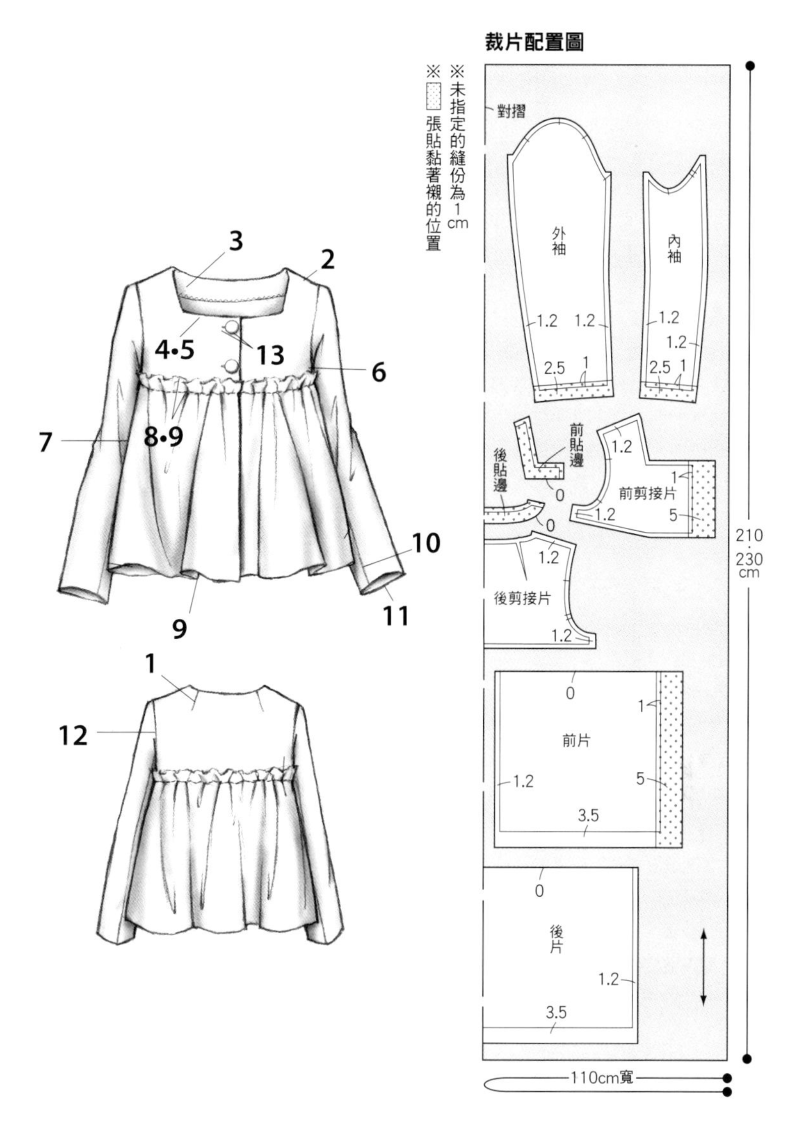


**9 剪接片和衣身的縫合法、貼邊內部和下襬的收尾方法**

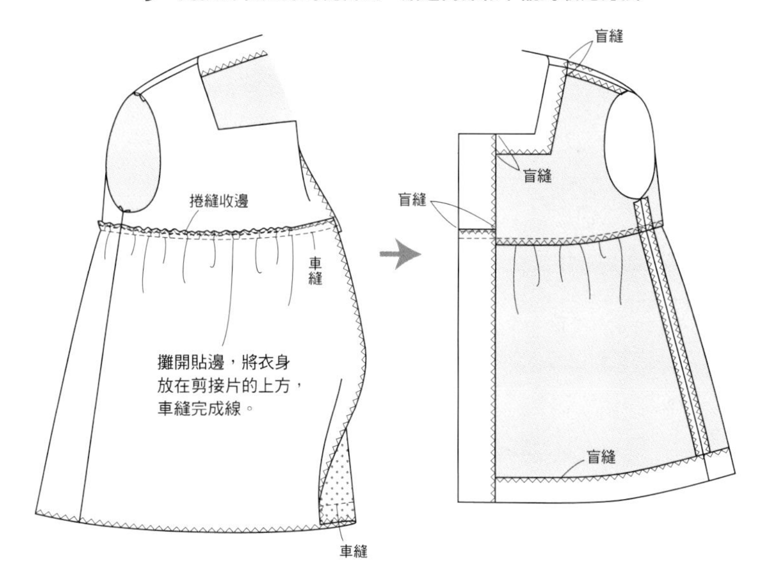

# Box-coat

## Style 2 箱型大衣

page 12

**●必備紙型（正面）**

後片、前片、內袖、外袖、前貼邊、後領口貼邊、裝飾腰帶

**●材料**

表布＝110cm寬

（S、M）2m30cm

（ML、L）2m50cm

黏著襯＝90cm寬60cm

直徑2cm的鈕扣6顆

**●準備**

在前後貼邊、袖口、裝飾腰帶貼上黏著襯。

除後片的肩、脇邊、前片的脇邊、袖子的袖山以外，在縫份進行M。

※M是「拷克（車布邊）」的簡稱。

**●縫法順序**

1　車縫前片的褶，M。將縫份倒向中心側。肩進行M。
2　車縫前後片的脇邊，燙開縫份。
3　衣身的下襬進行M。
4　將裝飾腰帶折出完成形狀。
5　將裝飾腰帶接合於衣身。
6　車縫前後片的肩，燙開縫份。
7　車縫前後貼邊的肩，燙開縫份。在貼邊的內部進行M。
8　將衣身和貼邊正面相向疊合，接著車縫貼邊下襬、前端、領口。
9　翻至表面，稍微避開貼邊後燙整。
10　將下襬往上折，盲縫。
11　縫合內袖、外袖，燙開縫份。
12　將袖口往上折，盲縫。
13　接合袖子。縫份要2片一起進行M。
14　在前中心製作釦眼，縫上鈕釦。

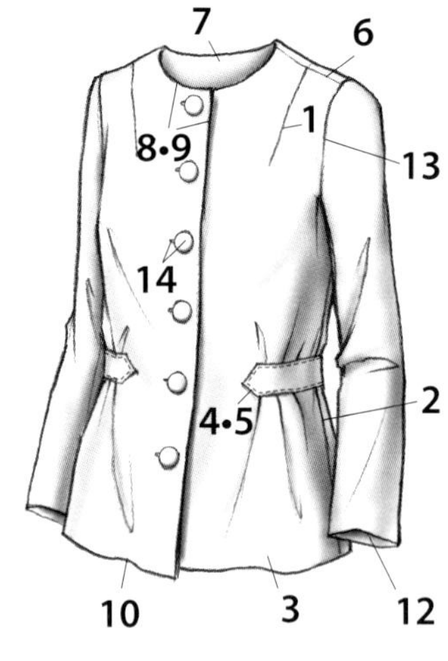


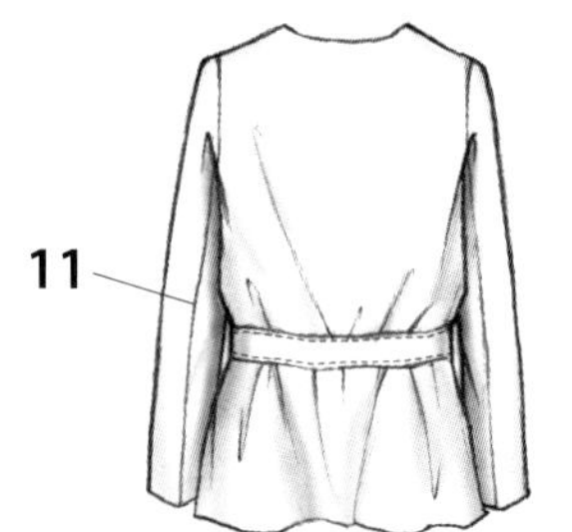


**裁片配置圖**

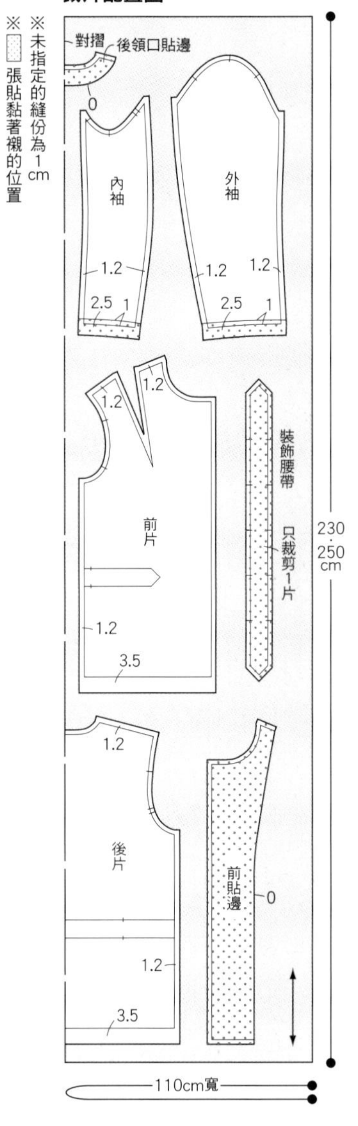


**4　裝飾腰帶的折法**

**5　裝飾腰帶的接合法**

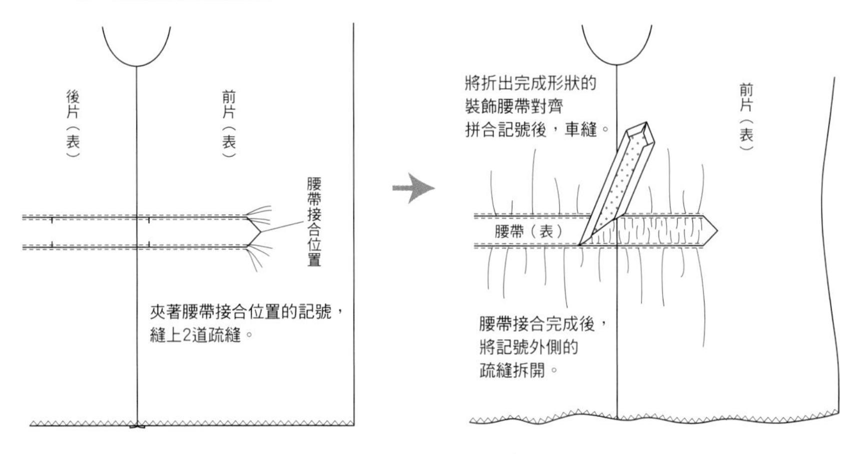

# Box-coat

**Style 2** 箱型大衣

**●必備紙型（正面・a、b共通）**

後片、前片、外袖、內袖、
前貼邊、衣領、後剪接片、前剪接片、
袋布、口袋口布

**●材料（a）**

表布＝110cm寬
（S、M）2m50cm
（ML、L）2m70cm
配布＝110cm寬70cm

**●材料（b）**

表布＝110cm寬
（S、M）3m20cm
（ML、L）3m40cm

**●材料（a、b共通）**

Sleek＝70×30cm
黏著襯＝90cm寬1m20cm
直徑1.5cm的鈕扣10顆

**●準備**

在前片的口袋接合位置、前貼邊、衣領、袖口、口袋口布貼上黏著襯。
前後片的肩、脇邊、口袋口布的2cm接合端、袖子的袖山以外的縫份，前貼邊的內部進行M。
※M是「拷克（車布邊）」的簡稱。

**●縫法順序**

1 將口袋口布折成正面相向，縫合上下，翻面燙整。
2 接合口袋（參考p.53）。
3 車縫後片和後剪接片，2片一起進行M。縫份倒向剪接片側。
4 前片和前剪接片進行與後片相同的車縫。
5 將貼邊接合於前片。
6 車縫前後片的肩，燙開縫份。
7 製作衣領。
8 接合衣領（參考p.51）。
9 車縫前後片的脇邊，燙開縫份。
10 貼邊的下襬進行M。將下襬往上折，盲縫。將貼邊和袋布重疊部分盲縫。
11 縫合內袖、外袖，燙開縫份。
12 將袖口往上折，盲縫。
13 接合袖子。縫份要2片一起進行M。
14 在前中心製作釦眼，縫上鈕釦。

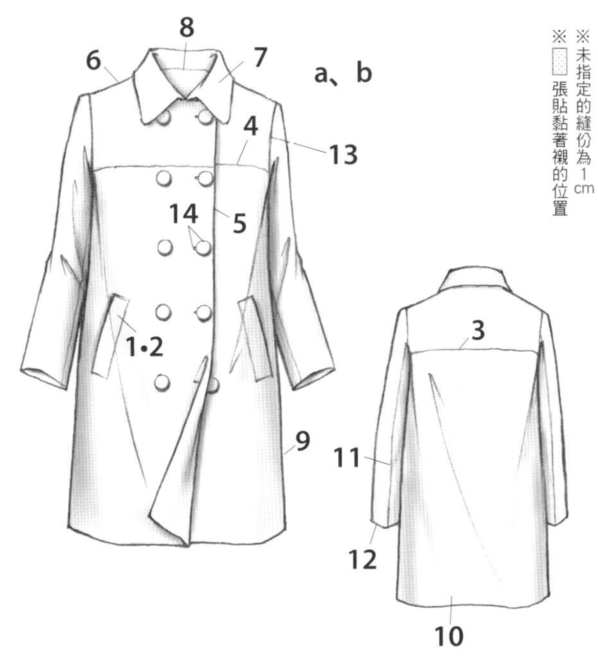


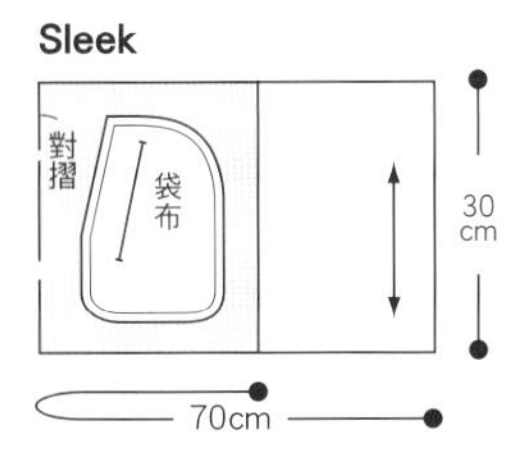


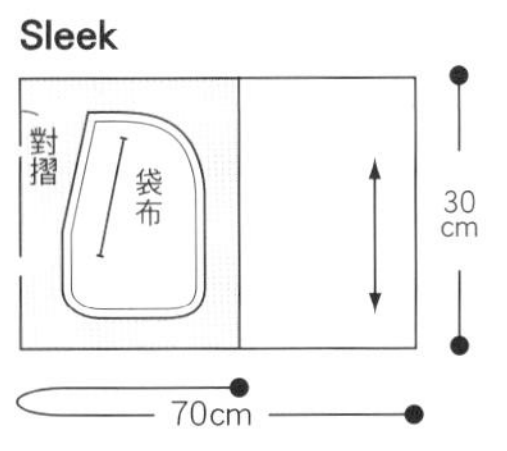

**5 前貼邊的接合法**

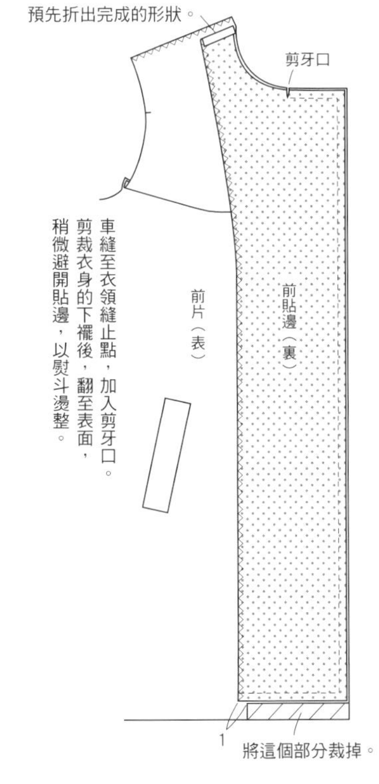


**裁片配置圖（表布・a、b共通）**

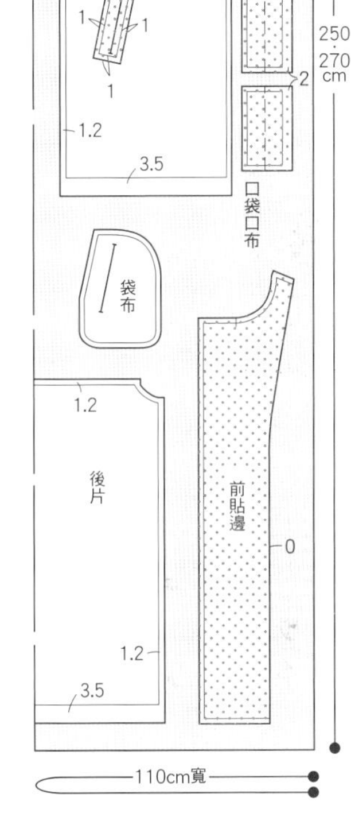


**裁片配置圖（配布・a、表布b）**

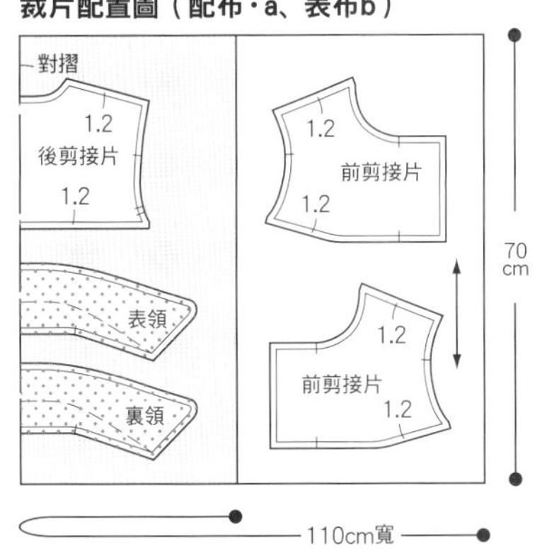

# Box-coat

**Style 2** 箱型大衣

**●必備紙型（正面）**

後片、前片、內袖、外袖、前門襟、衣領、肩章、裝飾布、裝飾腰帶

**●材料**

表布＝110cm寬
（S、M）2m30cm
（ML、L）2m50cm
配布（人工皮革）＝135cm寬
（S、M）30cm
（ML、L）40cm
黏著襯＝90cm寬1m
直徑2cm（前端）的鈕扣5顆
直徑1.8cm（肩章）的鈕扣2顆
環扣2個

**●準備**

在前門襟、衣領、袖口貼上黏著襯。

前後片的脇邊、袖子的袖山以外的縫份進行M。

※M是「拷克（車布邊）」的簡稱。

**●縫法順序**

1 車縫前後片的脇邊，燙開縫份後，下襬進行M。
2 縫合裝飾腰帶。
3 車縫前片的褶。燙開縫份，並進行M。
4 將裝飾布假縫在前片的縫份上。
5 接合右前門襟。
6 將左前門襟折出完成形狀，並且和左前片正面相向疊合車縫。將縫份倒向前門襟側，正面相向疊合至領縫止點後，車縫前門襟的下襬。
7 將下襬往上折，盲縫。
8 車縫前後片的肩，並且3片一起進行M。縫份往後側倒。
9 製作衣領。
10 接合衣領，盲縫前門襟的內部。
11 縫合內袖、外袖，並燙開縫份。
12 將袖口往上折後，盲縫。
13 製作肩章，並且假縫在衣身的肩部。
14 接合衣袖。縫份要2片一起進行M。
15 在左前門襟加上鈕扣。
16 肩章加上裝飾鈕扣，裝飾布加上環扣。

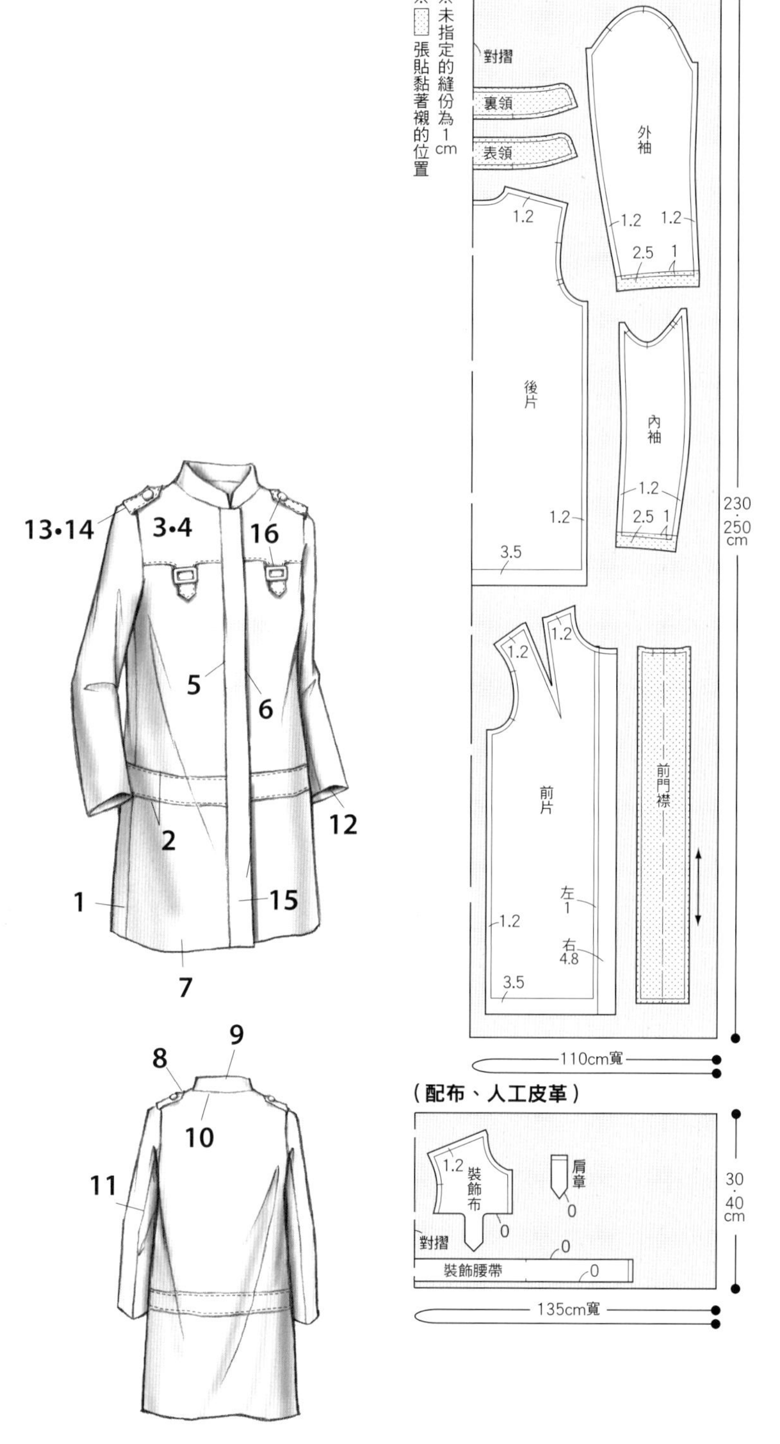

### 5 右前門襟的接合法

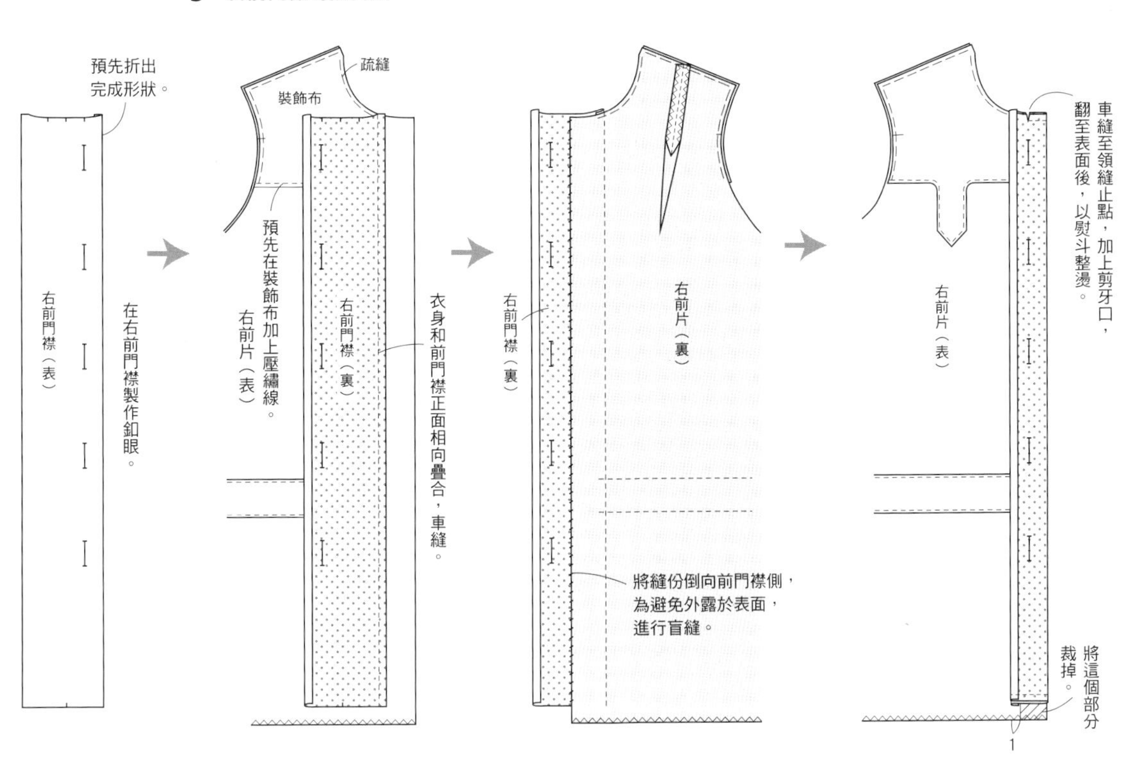


### p.49 8 衣領的接合方法

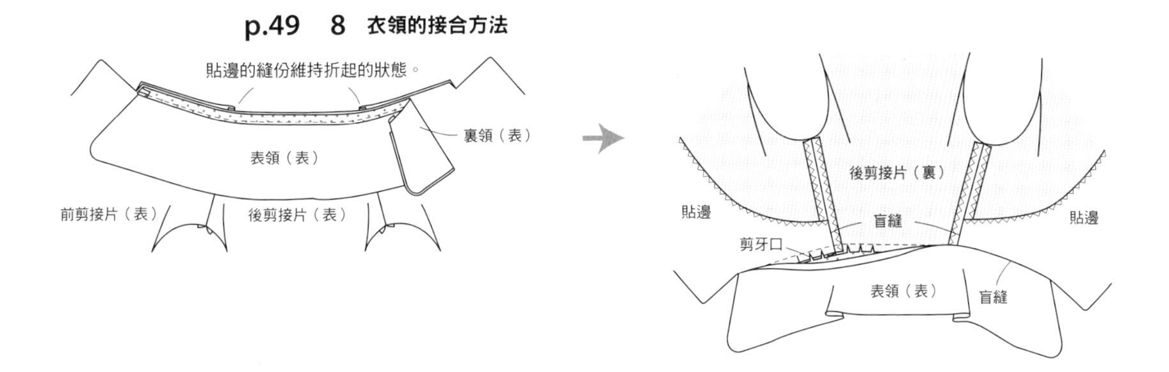

# Box-coat

**Style 2** 箱型大衣

**●必備紙型（正面）**

後片、前片、內袖、外袖、後領口貼邊、前貼邊、口袋口布、袋布、裝飾襟

**●材料**

表布＝110cm寬
（S、M）2m50cm
（ML、L）2m70cm
黏著襯＝90cm寬1m20cm
Sleek＝70×30cm
直徑1.5cm的鈕扣7顆

**●準備**

在前片的口袋接合位置、貼邊、裝飾襟、口袋口布、袖口貼上黏著襯。

後片的肩、脇邊、前片的脇、裏口袋口布的接合位置端、袖子的袖山以外進行M。

※M是「拷克（車布邊）」的簡稱。

**●縫法順序**

1 將表口袋口布和裏口袋口布正面相向疊合，車縫。
2 將口袋接合於前片。
3 利用與口袋口布相同的方式，車縫裝飾襟。
4 一邊夾住襟，一邊車縫前片的褶，縫份進行M。縫份要倒向中心側。肩部進行M。
5 車縫前後片的肩，燙開縫份。
6 車縫前後片的脇邊，燙開縫份。
7 衣身的下襬進行M。
8 車縫前後貼邊的肩，燙開縫份。貼邊的內部進行M。
9 將衣身和貼邊正面相向疊合，並接著車縫貼邊下襬、前端、領口。
10 翻至表面，稍微避開貼邊，燙整。
11 將下襬往上折，盲縫。
12 縫合內袖、外袖，燙開縫份。
13 將袖口往上折，盲縫。
14 接合衣袖。縫份要2片一起進行M。
15 在前中心製作釦眼，縫上鈕釦。在裝飾襟和口袋口布縫上裝飾鈕扣。

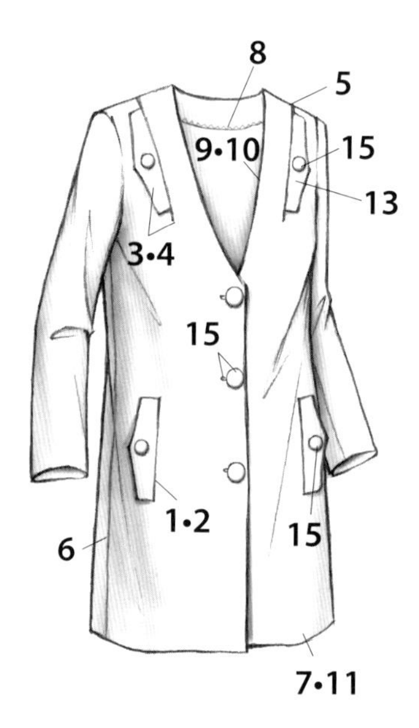


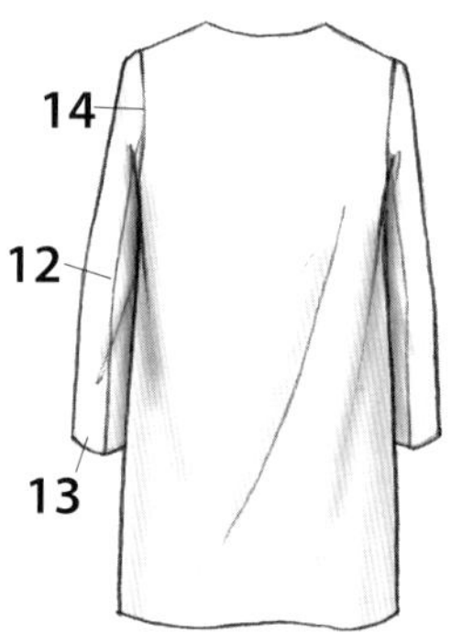


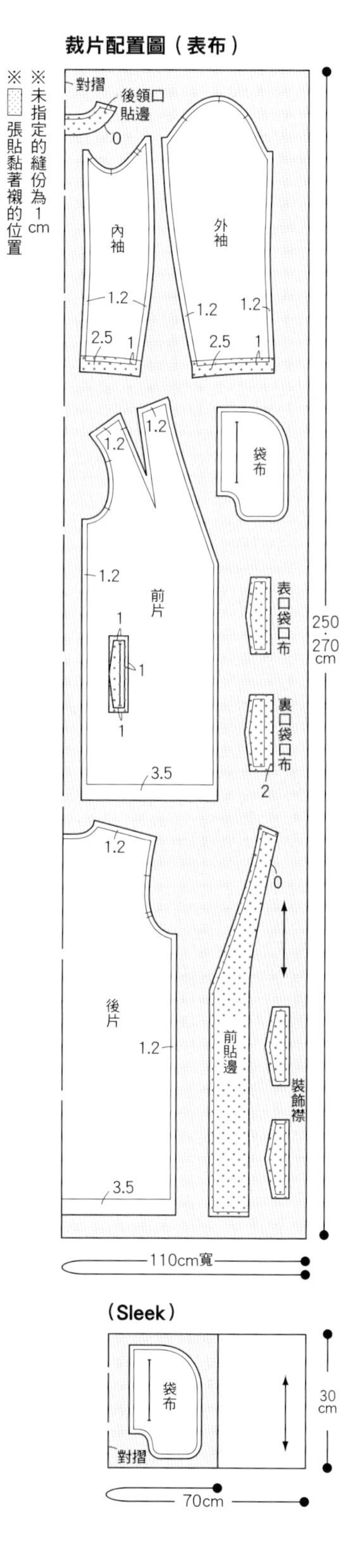

## 2 口袋的接合方法

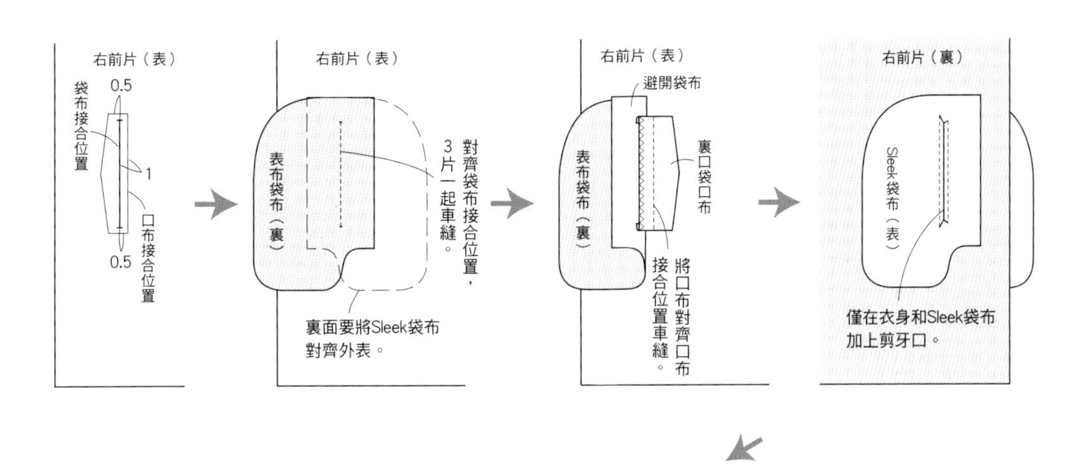

右前片（表）
0.5
袋布接合位置
1
口布接合位置
0.5
右前片（表）
表布袋布（裏）
對齊袋布接合位置，3片一起車縫。
裏面要將Sleek袋布對齊外表。
右前片（表）
避開袋布
表布袋布（裏）
裏口袋口布
將口布對齊口布接合位置車縫。
右前片（裏）
Sleek袋布（表）
僅在衣身和Sleek袋布加上剪牙口。


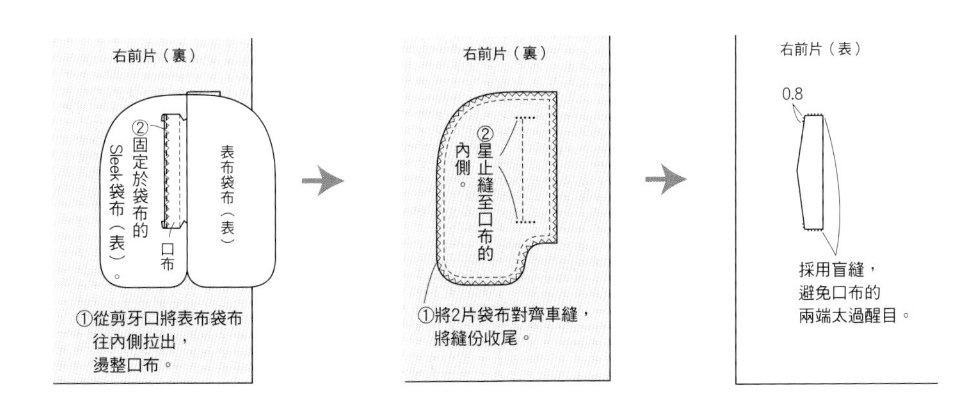

右前片（裏）
②固定於袋布的Sleek袋布（表）。
口布
表布袋布（表）
①從剪牙口將表布袋布往內側拉出，燙整口布。
右前片（裏）
②星止縫至口布的內側。
①將2片袋布對齊車縫，將縫份收尾。
右前片（表）
0.8
採用盲縫，避免口布的兩端太過醒目。

# Vest

## Style 3 背心

**●必備紙型（背面）**

後片、前片、後脇、前脇、前貼邊、後領口貼邊、前袖襱貼邊、後袖襱貼邊、裝飾腰帶

**●材料**

表布＝110cm寬
（S、M）1m90cm
（ML、L）2m10cm
黏著襯＝90cm寬70cm
直徑2cm的鈕扣4顆

**●準備**

在貼邊、裝飾腰帶貼上黏著襯。
後中心、前後片的脇邊的縫份進行M。
※M是「拷克（車布邊）」的簡稱。

**●縫法順序**

1 製作裝飾腰帶。
2 車縫後中心，燙開縫份。假縫裝飾腰帶。
3 夾住腰帶，車縫後片和後脇，2片一起進行M。縫份要倒向脇邊側。肩部進行M。
4 車縫前片和前脇，2片一起進行M。縫份要倒向中心側。肩部進行M。
5 車縫前後片的肩，燙開縫份。
6 車縫前後領口貼邊的肩，燙開縫份。貼邊的內部進行M。
7 將衣身和貼邊正面相向疊合，接著車縫貼邊下襬、前端、領口。
8 翻至表面，稍微避開貼邊，燙整。
9 車縫前後袖襱貼邊的肩，燙開縫份。貼邊的裏面進行M。
10 將衣身和袖襱貼邊正面相向疊合，並車縫袖襱。
11 翻至表面，稍微避開貼邊，燙整。
12 接著車縫衣身和袖襱貼邊的脇邊。燙開縫份。下襬進行M。
13 將下襬往上折，盲縫。
14 在前中心製作釦眼，縫上鈕釦。

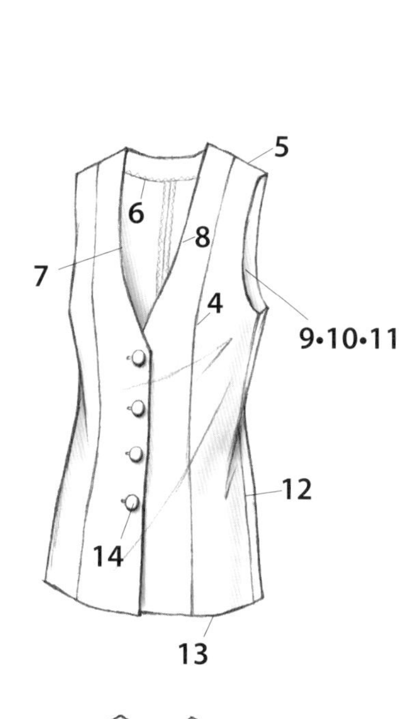


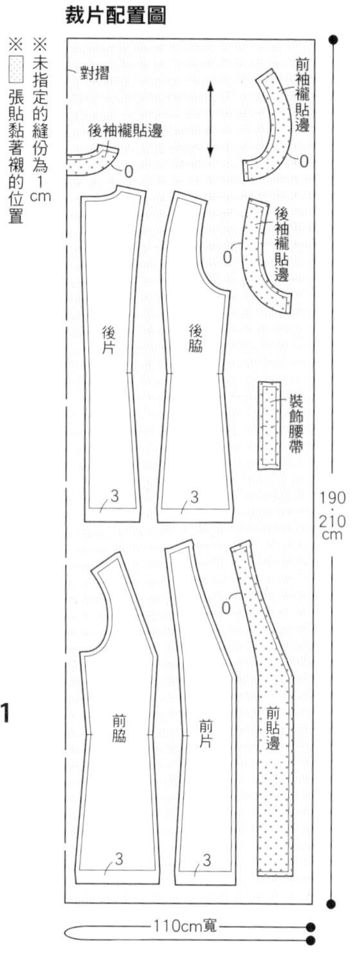

## 10～12 袖襱的縫法

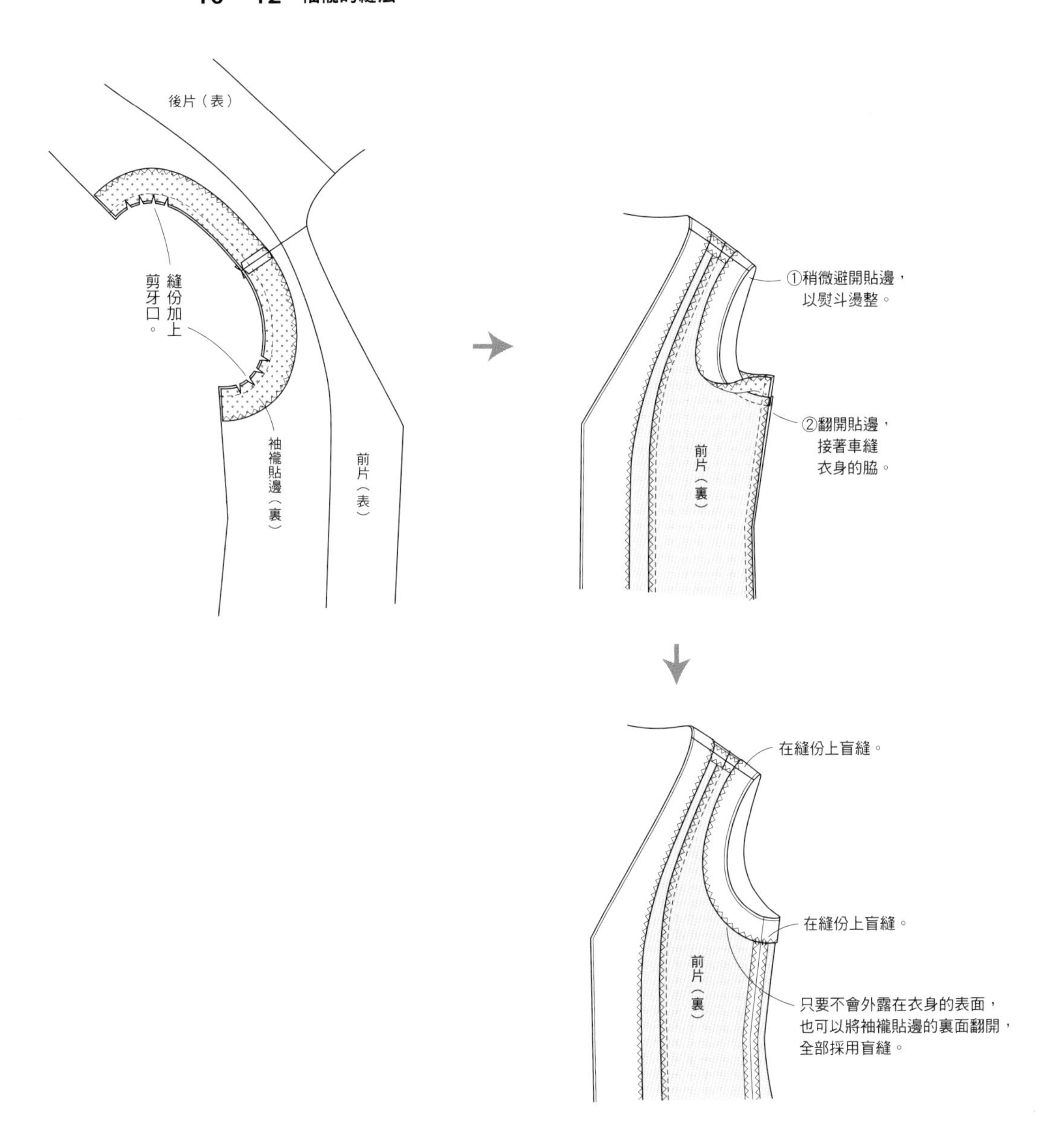

後片（表）
縫份加上剪牙口。
袖襱貼邊（裏）
前片（表）
①稍微避開貼邊，以熨斗燙整。
②翻開貼邊，接著車縫衣身的脇。
前片（裏）
在縫份上盲縫。
在縫份上盲縫。
前片（裏）
只要不會外露在衣身的表面，也可以將袖襱貼邊的裏面翻開，全部採用盲縫。

# Vest

## Style 3 背心

**●必備紙型（背面）**

後片、前片、後脇、前脇、前貼邊、後領口貼邊、後袖襱貼邊、前袖襱貼邊、裝飾布

**●材料**

表布＝110cm寬

（S、M）2m20cm

（ML、L）2m40cm

黏著襯＝90cm寬70cm

直徑1.5cm的鈕扣4顆

**●準備**

在貼邊貼上黏著襯。

後中心、前後片的脇邊、前後片的下襬的縫份進行M。

※M是「拷克（車布邊）」的簡稱。

**●縫法順序**

1 將裝飾布的下襬部分收尾。

2 車縫後片、後脇、裝飾布，並進行縫份的收尾。肩部進行M。

3 車縫後中心，燙開縫份。後片的下襬進行M。

4 車縫前片、前脇、裝飾布，並進行縫份的收尾。肩和前片的下襬進行M。

5 車縫前後片的肩，燙開縫份。

6 車縫前後領口貼邊的肩，燙開縫份。貼邊的裏面進行M。

7 將衣身和貼邊正面相向疊合，接著車縫貼邊下襬、前端、領口。

8 翻至表面，稍微避開貼邊，燙整。

9 車縫前後袖襱貼邊的肩，燙開縫份。貼邊的裏面進行M。

10 將衣身和袖襱貼邊正面相向疊合，並車縫袖襱。

11 翻至表面，稍微避開貼邊，燙整。

12 接著車縫衣身和袖襱貼邊的脇邊。燙開縫份。前後脇邊的下襬進行M。

13 將下襬往上折，盲縫。

14 在前中心製作釦眼，縫上鈕釦。

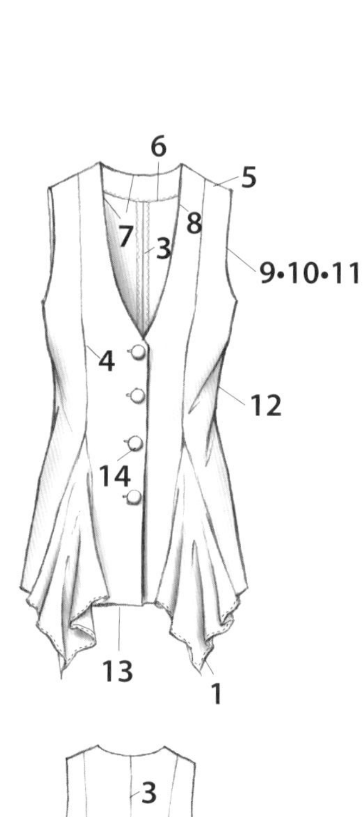


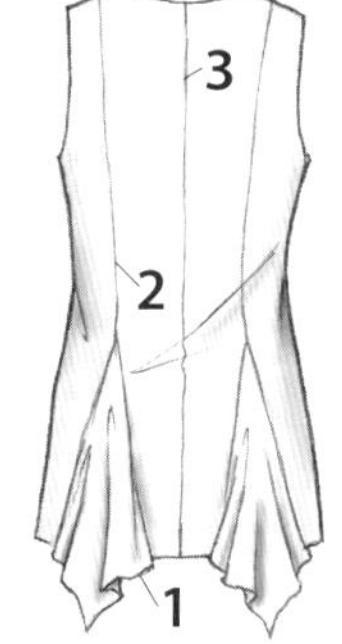


**裁片配置圖**

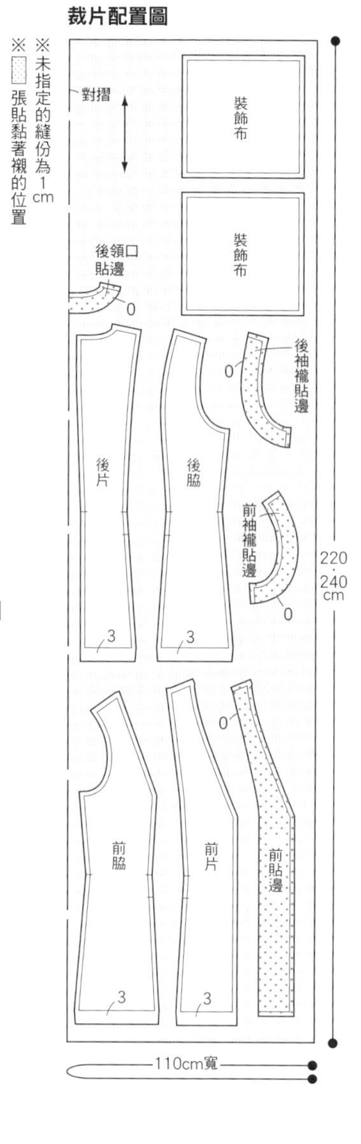

## 1,2 裝飾布的縫法

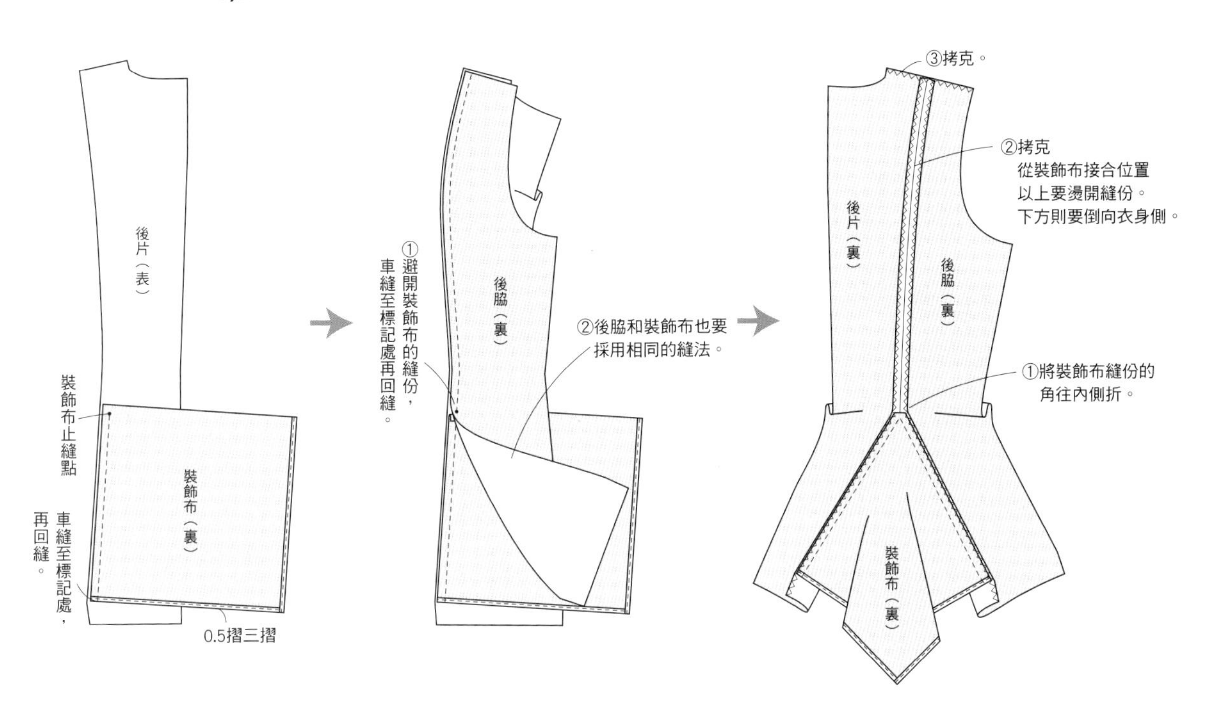


## 13 下襬的收尾

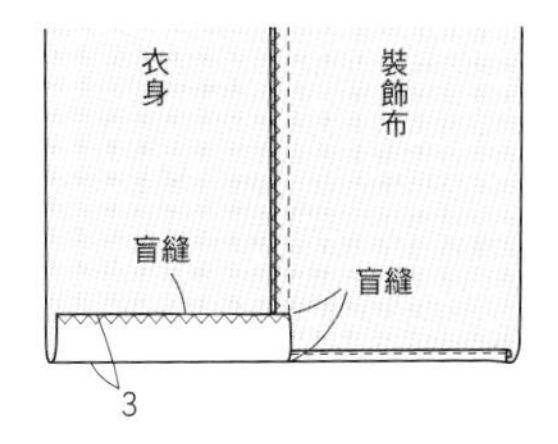

# Vest

## Style 3 背心

page 20

**●必備紙型（背面）**

後片、前片、後脇、前脇、前貼邊、衣領、前袖襱貼邊、後袖襱貼邊

**●材料**

表布＝110cm寬

（S、M）2m

（ML、L）2m20cm

黏著襯＝90cm寬70cm

直徑2cm的鈕扣4顆

波浪帶＝0.3cm寬1m30cm

**●準備**

在衣領、貼邊貼上黏著襯。

後中心、後片、後脇的拼接線、前後片的脇邊縫份、前貼邊的裏面進行M。

※M是「拷克（車布邊）」的簡稱。

**●縫法順序**

1 在前片接合波浪帶。肩部進行M。
2 車縫後片和後脇，燙開縫份。肩部進行M。
3 車縫後中心，燙開縫份。
4 車縫前後片的肩，燙開縫份。
5 將衣身和裏領正面相向疊合，車縫。
6 將貼邊和表領正面相向疊合，車縫。
7 將衣身和貼邊正面相向疊合，接著車縫貼邊下襬、前端、領圍。
8 翻至表面，分別避開貼邊和裏領，燙整。
9 車縫前後袖襱貼邊的肩，燙開縫份。貼邊的裏面進行M。
10 將衣身和袖襱貼邊正面相向疊合，並車縫袖襱。
11 翻至表面，稍微避開貼邊，燙整。
12 接著車縫衣身和袖襱貼邊的脇邊。燙開縫份。下襬進行M。
13 將下襬往上折，盲縫。
14 在前中心製作釦眼，縫上鈕釦。

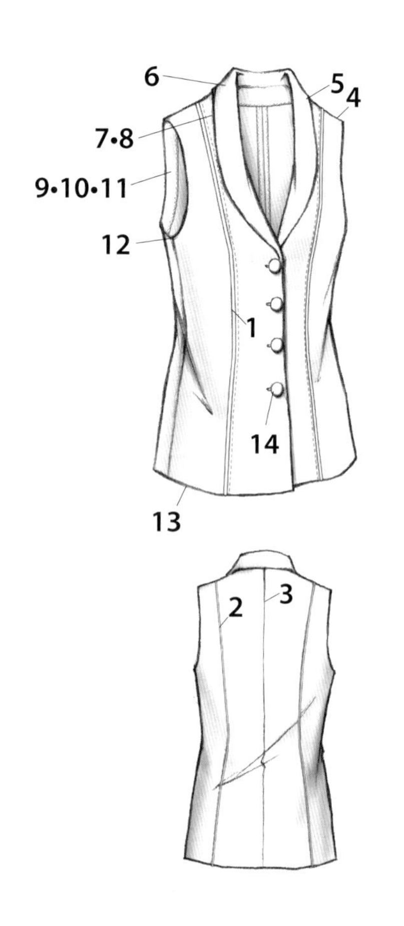


**裁片配置圖**

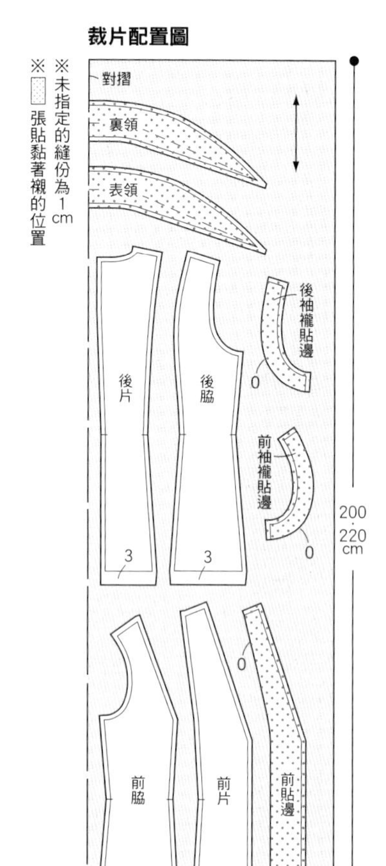


**1 波浪帶的縫法**

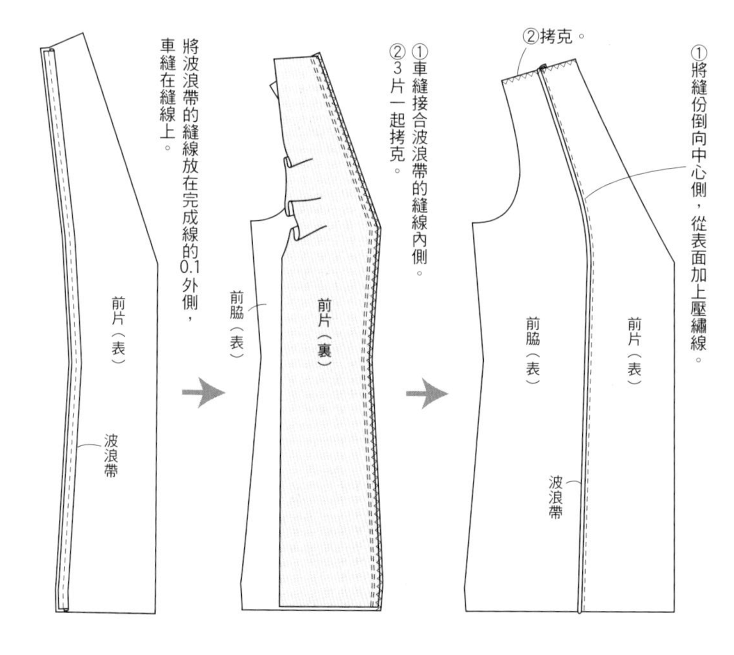

# Vest

**Style 3 背心**

**●必備紙型（背面）**

後片、前片、後脇、前脇、前貼邊、後領口貼邊、後袖襱貼邊、前袖襱貼邊、後剪接片、前剪接片、口袋、口袋口布

**●材料**

表布（合成皮革）＝135cm寬

（S、M）1m50cm

（ML、L）1m70cm

配布（合成皮革）＝135cm寬30cm

黏著襯＝90cm寬70cm

直徑1.5cm的鈕扣4顆

流蘇＝5m寬適當

**●準備**

在貼邊、口袋口布貼上黏著襯。

**●縫法順序**

**1** 在口袋縫上流蘇和口袋口布。

**2** 將口袋假縫在前脇。

**3** 夾住口袋，車縫前片和前脇。

**4** 將流蘇假縫在前片。

**5** 將前剪接片接合於前片。縫份要倒向剪接片側，並加上壓繡線。

**6** 車縫後中心。縫份要倒向右側，並加上壓繡線。

**7** 車縫後片和後脇。縫份要倒向中心側，並加上壓繡線。將流蘇假縫。

**8** 將後剪接片接合於後片。縫份要倒向剪接片側，並加上壓繡線。

**9** 車縫前後片的肩，燙開縫份。

**10** 車縫前後領口貼邊的肩，燙開縫份。

**11** 將衣身和貼邊正面相向疊合，接著持續車縫貼邊下襬、前端、領口。

**12** 翻至表面，稍微避開貼邊，燙整，並加上壓繡線。

**13** 車縫前後袖襱貼邊的肩，燙開縫份。

**14** 將衣身和袖襱貼邊正面相向疊合，車縫袖襱。

**15** 翻至表面，稍微避開貼邊，燙整。

**16** 接著車縫衣身和袖襱貼邊的脇邊。燙開縫份。

**17** 在袖襱加上壓繡線。

**18** 將下襬往上折，盲縫。

**19** 在前中心製作釦眼，縫上鈕釦。

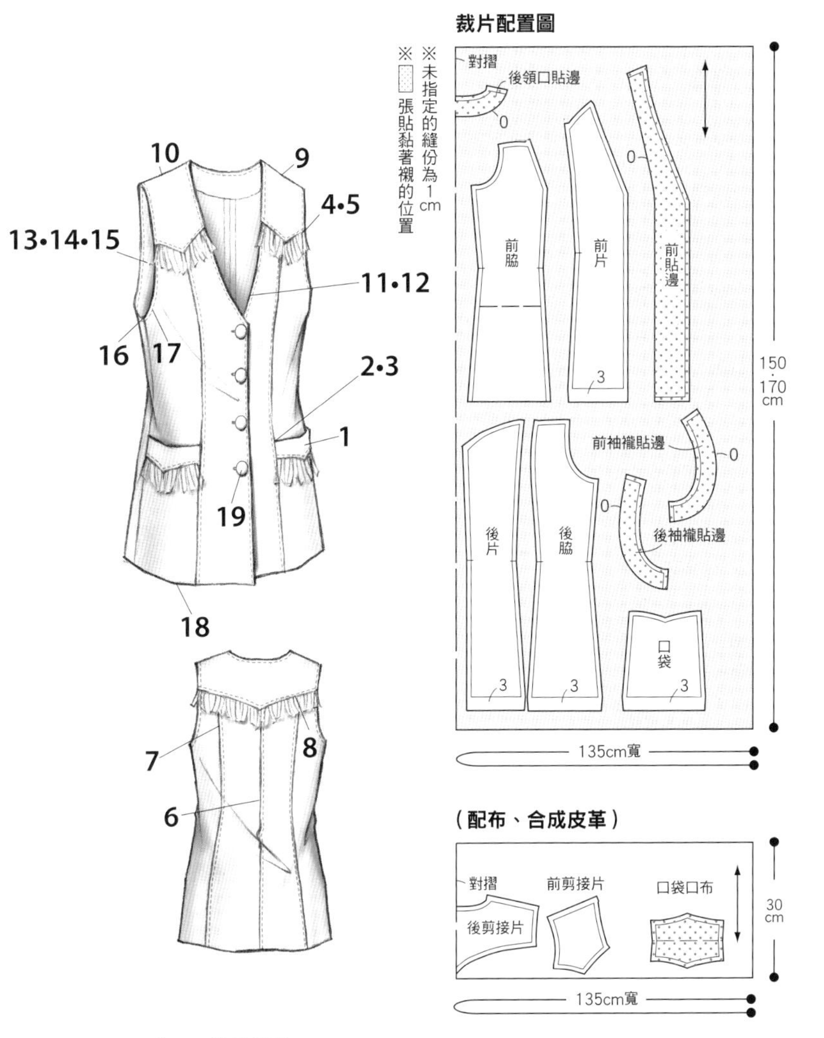


**1 口袋的縫法**

**3 衣身和口袋的縫法**

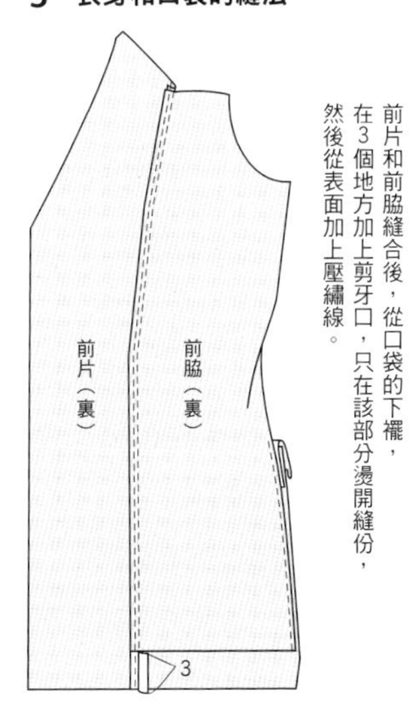

# Panel-jacket

**Style 4** 挺型外套

**●必備紙型（背面）**

後片、前片、後脇、前脇、前貼邊、後領口貼邊、外袖、內袖、口袋、口布

**●材料**

表布＝110cm寬
（S、M）2m20cm
（ML、L）2m40cm
黏著襯＝90cm寬60cm
直徑2cm的鈕扣6顆（前端）
直徑1.5cm的鈕扣2顆（口袋口）

**●準備**

在貼邊、袖口、口布貼上黏著襯。
後中心、前後片的肩、釦條、脇邊、袖子的袖山以外進行M。
※M是「拷克（車布邊）」的簡稱。

**●縫法順序**

1 製作口袋，固定於前脇。
2 車縫前片和前脇的釦條，燙開縫份。
3 車縫後中心，燙開縫份。
4 車縫後片和後脇的釦條，燙開縫份。
5 車縫前後片的脇邊，燙開縫份。下襬進行M。
6 車縫前後片的肩，燙開縫份。
7 車縫前後貼邊的肩，燙開縫份。貼邊的裏面進行M。
8 將衣身和貼邊正面相向疊合，接著車縫貼邊下襬、前端、領口。
9 翻至表面，稍微避開貼邊，燙整。
10 將下襬往上折，盲縫。
11 縫合內袖、外袖，燙開縫份。
12 將袖口往上折，盲縫。
13 接合衣袖。縫份要2片一起進行M。
14 在前中心製作釦眼，縫上鈕釦。在口布縫上裝飾鈕扣。

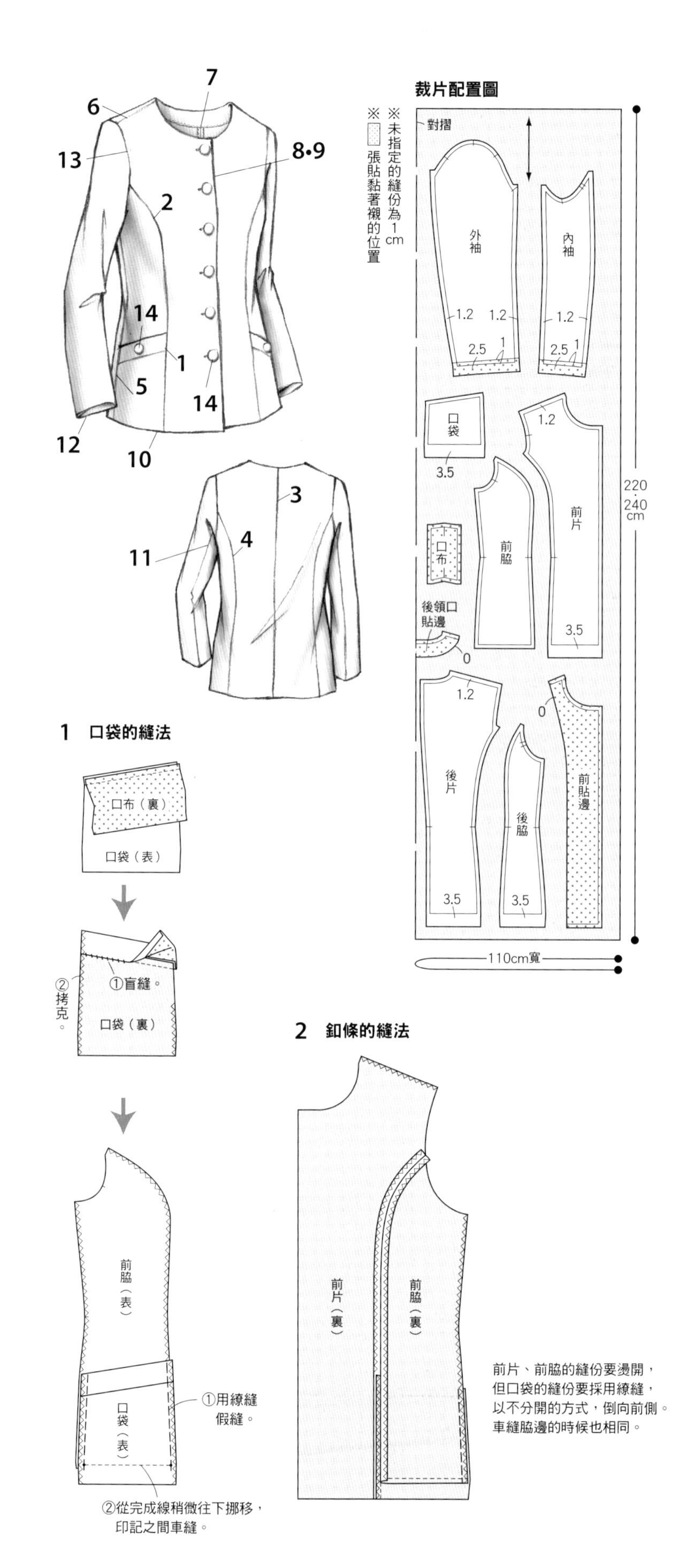

# Panel-jacket

## Style 4 挺型外套

page 25

**●必備紙型（背面）**

後片、前片、後脇、前脇、前貼邊、衣領、外袖、內袖

**●材料**

表布＝110cm寬

（S、M）2m50cm

（ML、L）2m70cm

黏著襯＝90cm寬60cm

直徑1.5cm的鈕扣3顆

**●準備**

在前貼邊、衣領、袖口貼上黏著襯。

後中心、前後片的釦條、肩、脇邊、前貼邊的裏面、袖子的袖山以外進行M。

※M是「拷克（車布邊）」的簡稱。

**●縫法順序**

1. 分別車縫前後的釦條，燙開縫份。
2. 車縫後中心，燙開縫份。
3. 車縫前後片的肩，燙開縫份。
4. 將衣身和裏領正面相向疊合後，車縫。
5. 將前貼邊和表領正面相向疊合後，車縫。
6. 將衣身和貼邊正面相向疊合，接著車縫貼邊下襬、前端、衣領的外圍。
7. 翻至表面，分別避開貼邊和裏領，燙整。將表領盲縫在後領口的縫合線。
8. 車縫脇邊，燙開縫份。下襬進行M。
9. 將下襬往上折，盲縫。
10. 縫合內袖、外袖，燙開縫份。
11. 將袖口往上折，盲縫。
12. 接合衣袖。縫份要2片一起進行M。
13. 在前中心製作釦眼，縫上鈕釦。

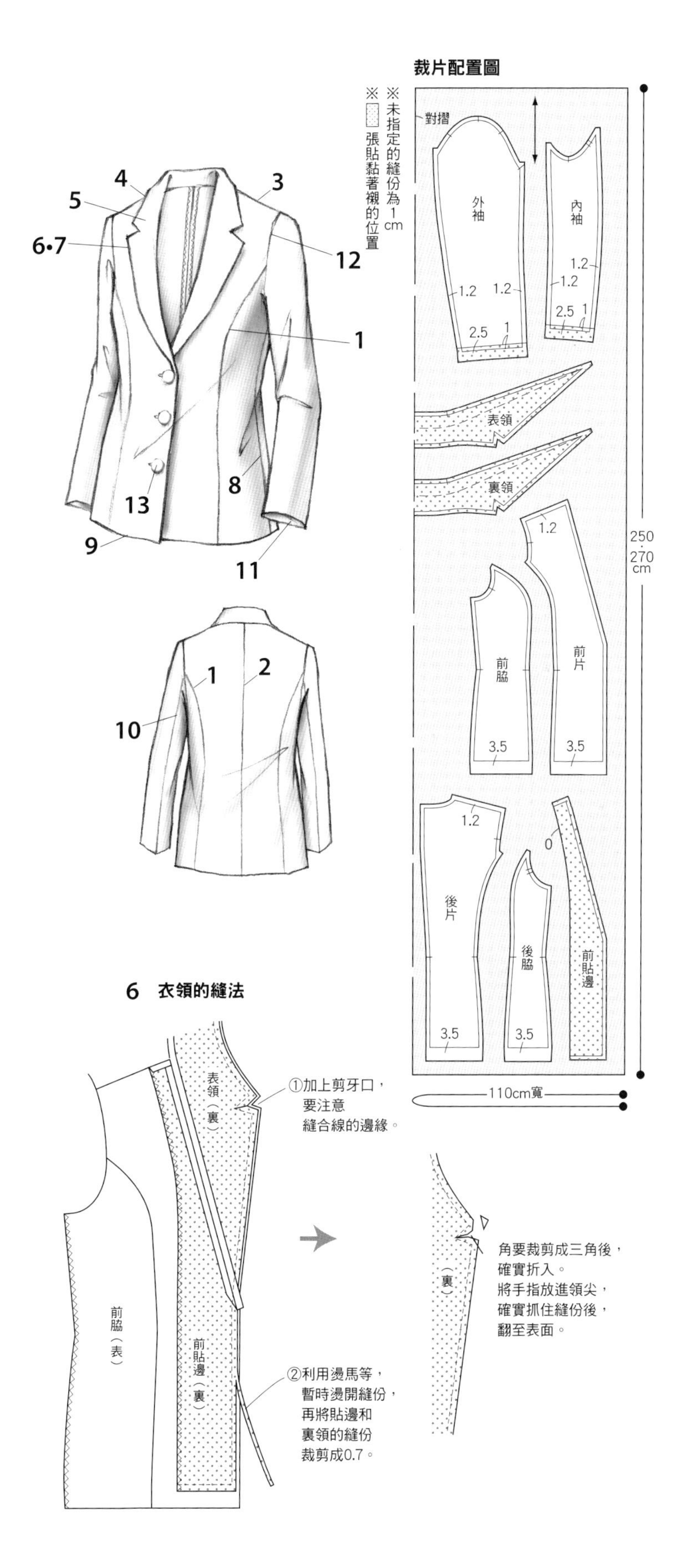

# Panel-jacket

**Style 4** 挺型外套

**●必備紙型（背面）**

後片、前片、後脇、前脇、後裙腰、前裙腰、前貼邊、後領口貼邊、外袖、內袖

**●材料**

表布＝110cm寬

（S、M）2m20cm

（ML、L）2m40cm

黏著襯＝90cm寬60cm

開口拉鍊56cm 1條

**●準備**

在貼邊、袖口貼上黏著襯。

前後片的肩、袖子的袖山以外進行M。

※M是「拷克（車布邊）」的簡稱。

**●縫法順序**

1 分別車縫前後的釦條，2片一起進行M。將縫份倒向中心側，從表面加上壓繡線。

2 分別車縫前後裙腰和前後片，2片一起進行M。將縫份倒向裙腰側，從表面加上壓繡線。脇邊進行M。

3 車縫後中心，2片一起進行M。將縫份倒向右衣身側，從表面加上壓繡線。

4 將前中心正面相向疊合後，以疏縫車縫，燙開縫份。

5 以繚縫固定拉鍊。

6 車縫前後片的肩，燙開縫份。

7 車縫前後貼邊的肩，燙開縫份。貼邊的背面進行M。

8 將衣身和貼邊正面相向疊合，車縫領口和貼邊的下襬。

9 翻至表面，稍微避開領口的貼邊，燙整。以壓繡線固定拉鍊。

10 車縫前後片的脇邊，燙開縫份。下襬進行M。

11 將下襬往上折，盲縫。

12 縫合內袖、外袖，燙開縫份。

13 將袖口往上折，盲縫。

14 接合衣袖。縫份要2片一起進行M。

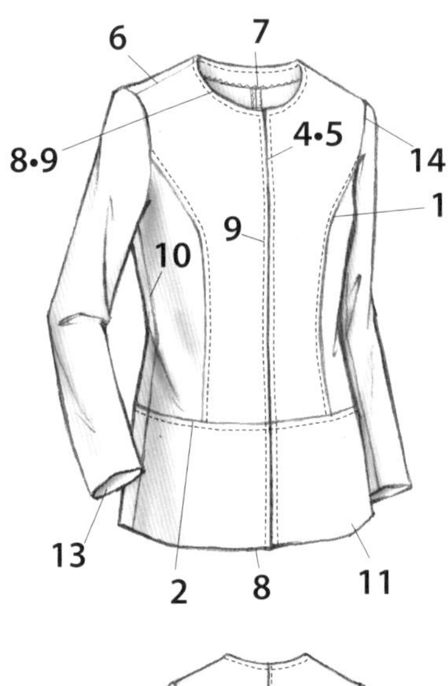


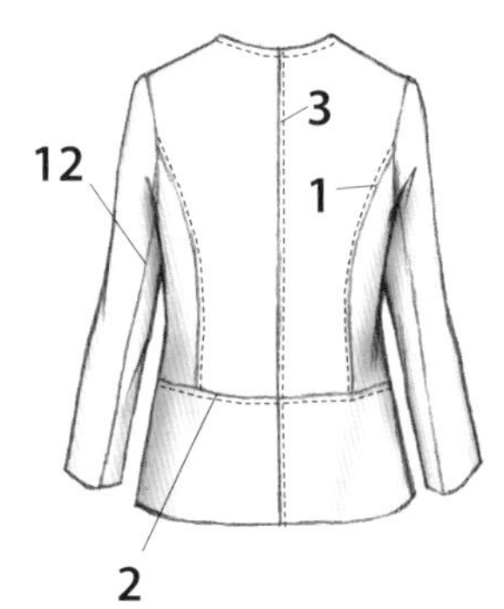


**裁片配置圖**

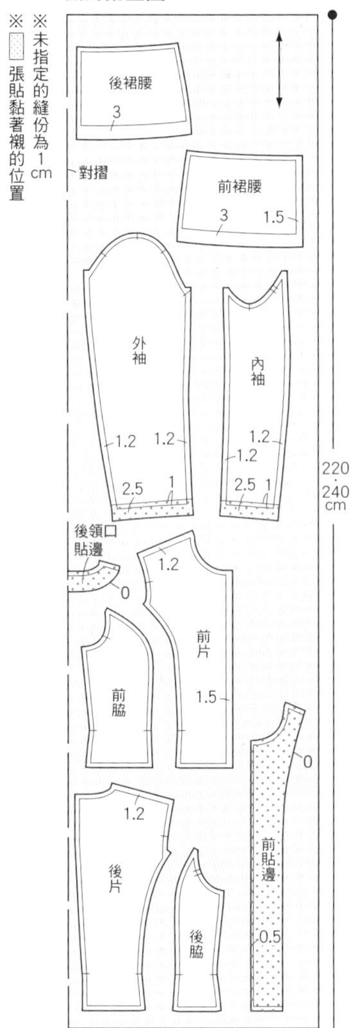

## 5 拉鍊的固定方法

比完成線
少0.7。
前片（裏）
隔著厚紙或直尺，
僅以繚縫
固定縫份和拉鍊。
拉鏈（裏）
比完成線
多出1。
疏縫要在拉鍊
固定後解開。

## 8,9 拉鍊的回針縫法

貼邊要先在
縫份0.5的地方
預先折1。
車縫
折出完成線。
前貼邊（裏）
前片（表）
車縫
裁剪
1
裁剪

在縫份上
盲縫。
前片（裏）
前貼邊（表）
以繚縫將貼邊固定於拉鍊，
從表面加上壓繡線固定。
在縫份上
盲縫。
車縫脇邊，從下襬的
收尾開始盲縫。

# Panel-jacket

**Style 4** 挺型外套

**●必備紙型（背面）**

後片、前片、後脇、前脇、後裙腰、前裙腰、前貼邊、後領口貼邊、前領、後領、外袖、內袖

**●材料**

表布＝110cm寬
（S、M）2m30cm
（ML、L）2m50cm
黏著襯＝90cm寬50cm
風際扣4對

**●準備**

在貼邊貼上黏著襯。
前中心、前後片的釦條、肩、脇、袖子的袖山以外，裙腰的脇邊、衣領的肩進行M。
※M是「拷克（車布邊）」的簡稱。

**●縫法順序**

1 車縫前脇的褶，將縫份倒向中心側。
2 分別車縫前後的釦條，燙開縫份。
3 車縫後中心，燙開縫份。
4 車縫前後片的肩，燙開縫份。
5 車縫前後貼邊的肩，燙開縫份。貼邊的裏面進行M。
6 車縫前領和後領的肩，燙開縫份。配合素材，將衣領的外圍收邊。
7 接合衣領。
8 車縫前後裙腰的脇邊，燙開縫份。
9 將裙腰的前端和下襬折成三折，盲縫。
10 將衣身和裙腰正面相向疊合車縫，2片一起進行M。將縫份倒向衣身側，並將貼邊的下襬盲縫。
11 縫合內袖、外袖，燙開縫份。
12 將袖口往上折，盲縫。
13 接合衣袖。縫份要2片一起進行M。
14 在前中心縫上風際扣。

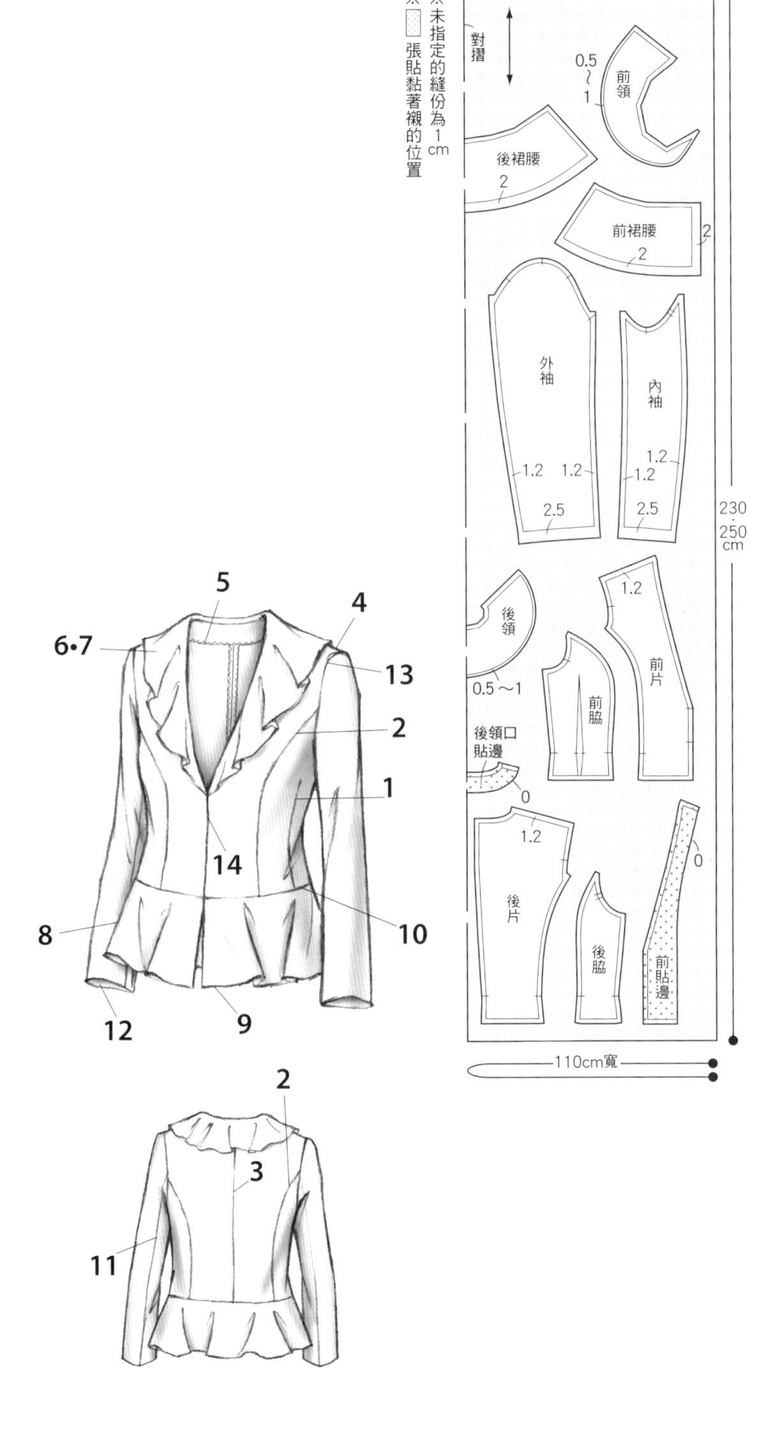

## 6,7　衣領的縫法

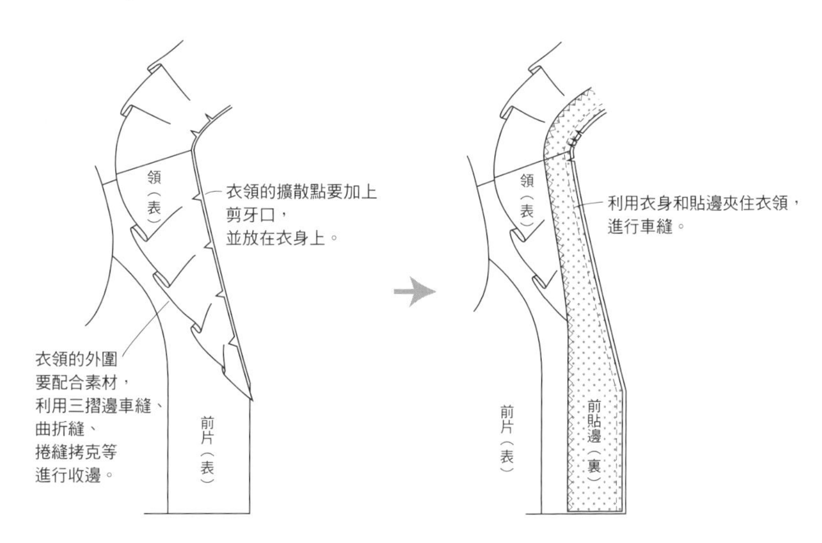


## 8,9　裙腰的縫法

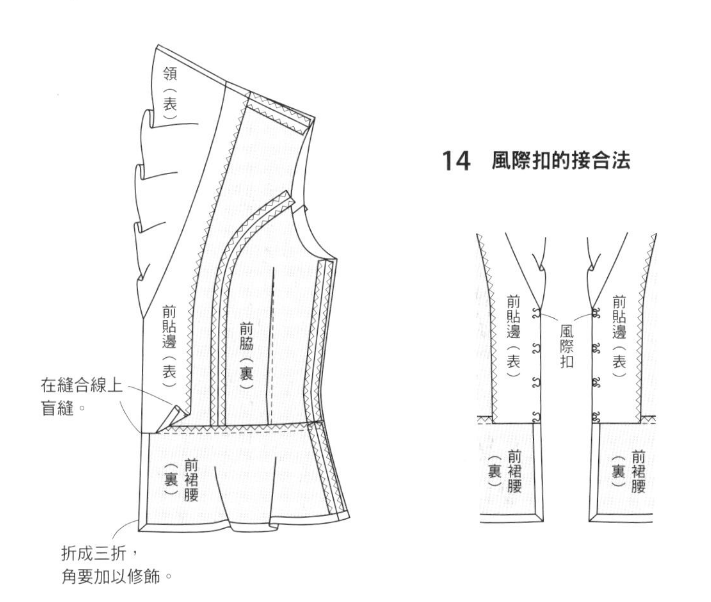


## 14　風際扣的接合法

# Cape

## Style 5 披肩

page 30

●**必備紙型（表面）**

後片、前片、前貼邊、後領口貼邊

●**材料**

表布＝140cm寬

（S、M）90cm

（ML、L）1m

黏著襯＝90cm寬50cm

直徑2cm的鈕扣1顆

●**準備**

在貼邊貼上黏著襯。

前後片的肩進行M。

※M是「拷克（車布邊）」的簡稱。

●**縫法順序**

1　接合前後片的印記，一邊注意別讓縮縫跑掉，一邊進行車縫。燙開縫份。下襬進行M。

2　車縫前後貼邊的肩，燙開縫份。貼邊的裏面進行M。

3　將衣身和貼邊正面相向疊合，接著繼續車縫貼邊下襬、前端、領口。

4　翻至表面，稍微避開貼邊，燙整。

5　將下襬往上折，盲縫。

6　在前中心製作釦眼，縫上鈕釦。

**裁片配置圖**

※未指定的縫份為1cm

※▒張貼黏著襯的位置

對摺

後片 1.2 1.5

後領口貼邊 0

前片 1.2 1.5

前貼邊 0

90・100cm

140cm寬

1　2　6　3•4　5

**5　下襬的縫法**

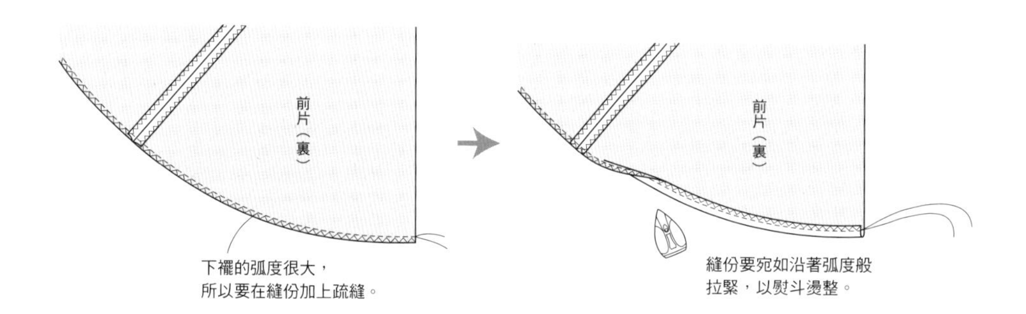

# Cape
## Style 5 披肩

**●必備紙型（表面）**

後片、前片、後剪接片、前剪接片、後領口貼邊

**●材料**

表布＝140cm寬
（S、M）90cm
（ML、L）1m
黏著襯＝90cm寬25cm
直徑1.5cm的鈕扣2顆

**●準備**

在貼邊貼上黏著襯。
前後剪接片的肩、前後片的肩進行M。
※M是「拷克（車布邊）」的簡稱。

**●縫法順序**

1 接合前後剪接片的印記，一邊注意別讓縮縫跑掉，一邊進行車縫。燙開縫份。
2 車縫前後片的肩，燙開縫份。下襬進行M。
3 縫合剪接片和衣身。2片一起進行M。縫份要倒向剪接片側。
4 車縫前後貼邊的肩，燙開縫份。貼邊的裏面進行M。
5 將剪接片和貼邊正面相向疊合，車縫領口。
6 翻至表面，稍微避開貼邊，燙整。
7 將下襬往上折，盲縫。
8 在前中心製作釦眼，縫上鈕釦。

**裁片配置圖**

※未指定的縫份為1cm
※▒張貼黏著襯的位置

對摺
前片 1.2 1.2 5
後剪接片 1.2
後領口貼邊 0
後片 1.2 1.2
前剪接片 1.2 0
90・100cm
140cm寬

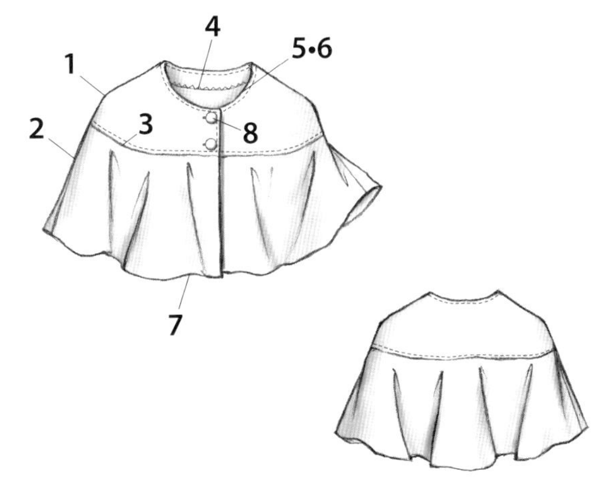


**3 剪接片和衣身的縫法**

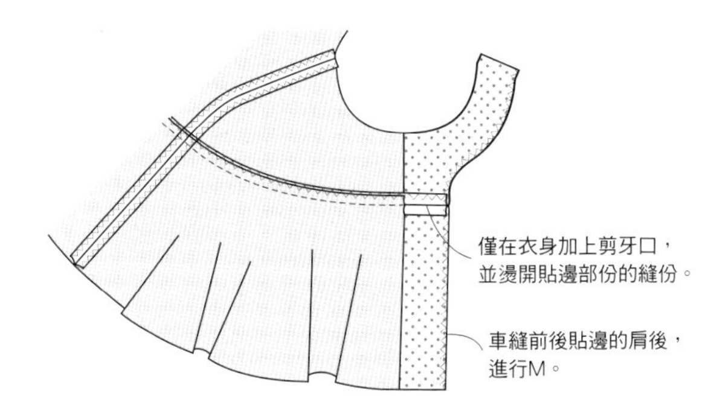

# Cape
## Style 5 披肩

page 32

**●必備紙型（表面）**

後片、前片、前貼邊、後領口貼邊、衣袖

**●材料**

表布＝140cm寬

（S、M）90cm

（ML、L）1m

黏著襯＝90cm寬40cm

直徑2cm的鈕扣3顆

**●準備**

在貼邊貼上黏著襯。

前後片的肩進行M。

※M是「拷克（車布邊）」的簡稱。

**●縫法順序**

1 車縫前後片的肩，燙開縫份。

2 車縫前後貼邊的肩，燙開縫份。貼邊的裏面進行M。

3 將衣身和貼邊正面相向疊合，接著繼續車縫貼邊下襬、前端、領口。

4 翻至表面，稍微避開貼邊，燙整。

5 接合衣袖。2片一起進行M。縫份要倒向衣袖側。下襬進行M。

6 將下襬往上折，盲縫。

7 在前中心製作釦眼，縫上鈕釦。

**裁片配置圖**

※未指定的縫份為1cm

※▒張貼黏著襯的位置

對摺
後領口貼邊
0
衣袖
1.5
1.2
後片
1.5
1.2
前片
1.5
0
前貼邊
90・100cm
140cm寬

1
2
3•4
5
7
6

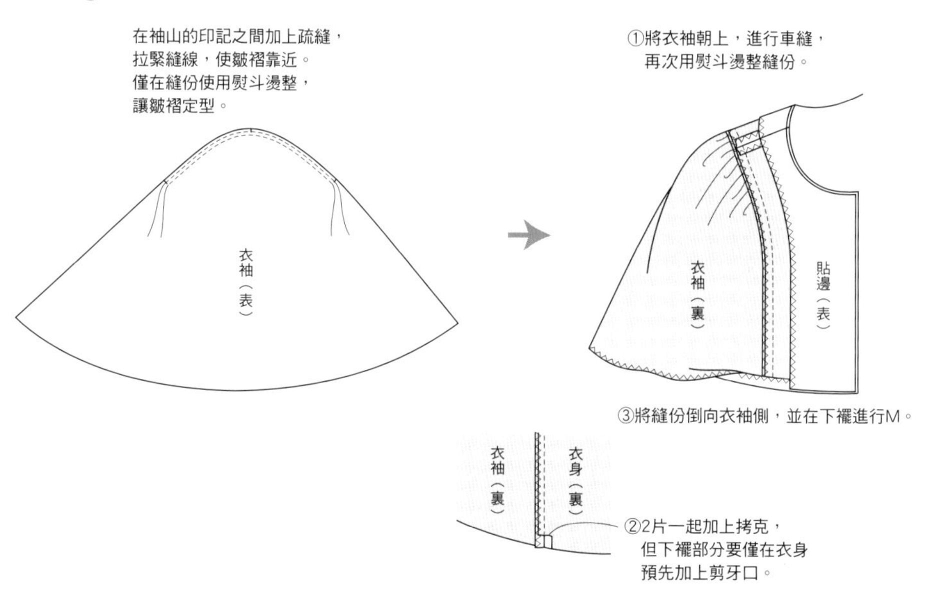

# Cape
## Style 5 披肩

**●必備紙型（表面）**
後片、前片、前貼邊、上衣領、領台、肩章、肩章環

**●材料**
表布＝140cm寬
（S、M）1m10cm
（ML、L）1m30cm
黏著襯＝90cm寬40cm
直徑1.5cm的鈕扣4顆（前端）
直徑1cm的鈕扣2顆（肩章）

**●準備**
在上衣領、領台、前貼邊、肩章貼上黏著襯。
前後片的肩、貼邊的裏面進行M。
※M是「拷克（車布邊）」的簡稱。

**●縫法順序**
1 接合前後片的印記，一邊注意別讓縮縫跑掉，一邊進行車縫。燙開縫份。下襬進行M。
2 將衣身和貼邊正面相向疊合，車縫至領縫止點。加上剪牙口，翻至表面，稍微避開貼邊，燙整。
3 下襬往上折，盲縫。前端加上壓繡線。
4 製作衣領。
5 接合衣領。
6 製作肩章和肩章環。
7 將肩章環接合在衣身，穿過肩章後，以鈕扣固定。
8 製作釦眼，縫上鈕釦。

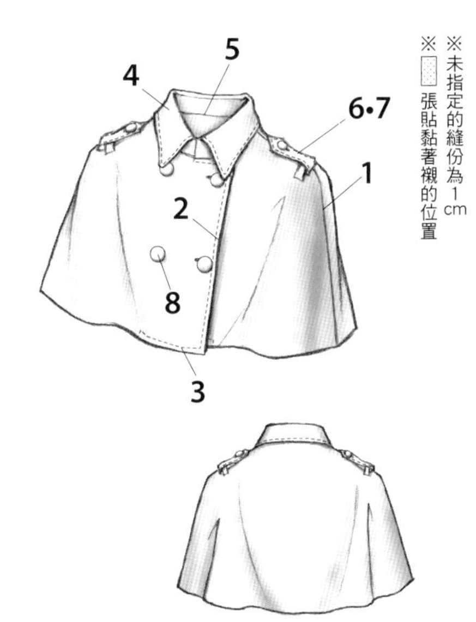


**裁片配置圖**

※未指定的縫份為1cm
※▒張貼黏著襯的位置

對摺
領台
上領
前片
1.2
1.5
肩章
後片
1.2
1.5
0
前貼邊
肩章環
110・130cm
140cm寬

### 4 衣領的縫法

將上領回針縫，
並在表上領加上壓繡線

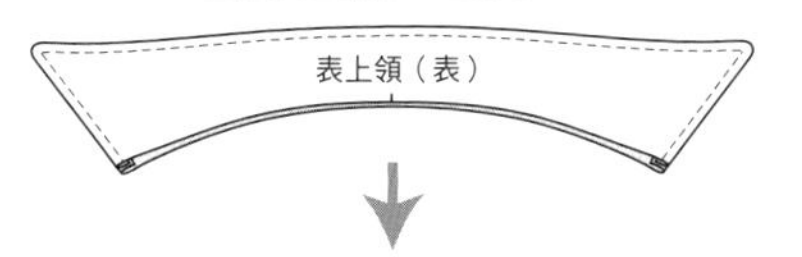


將表領台接合線的縫份折出完成形狀。
利用表領台和裏領台將上領夾住車縫。

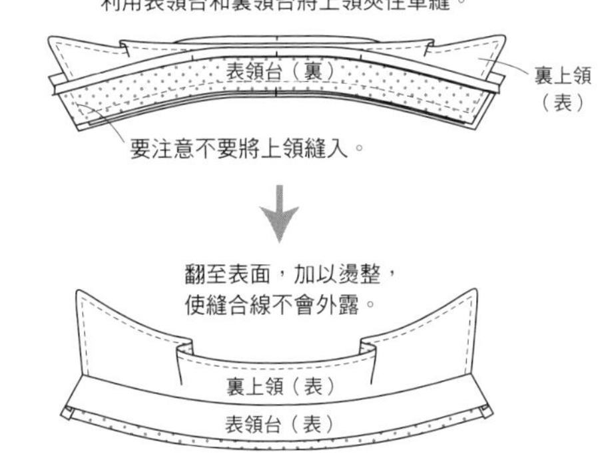


### 5 衣領的接合法

接合衣身的領縫止點和裏領台的邊緣，
加以車縫。
在衣身的領口縫份加上剪牙口。

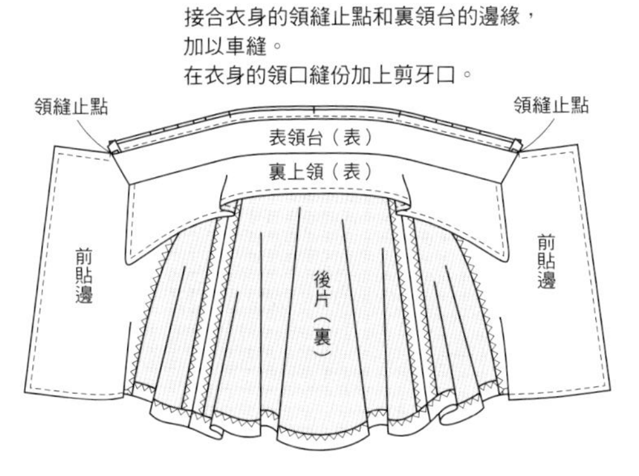


將衣領接合的縫份放進領台中，燙整。
在表領台端加上壓繡線。

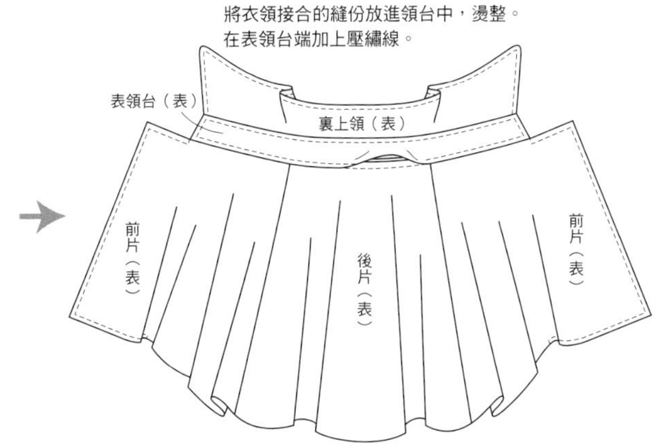

# Flared-coat

**Style 6** 裙襬大衣

**●必備紙型（背面）**

後片、前片、前貼邊、衣袖、衣領

**●材料**

表布＝140cm寬

（S、M）2m40cm

（ML、L）2m60cm

黏著襯＝90cm寬80cm

直徑2cm的鈕扣5顆

**●準備**

在前貼邊、衣領、袖口貼上黏著襯。

前後片的肩、脇邊、袖裡、袖口、貼邊的裏面進行M。

※M是「拷克（車布邊）」的簡稱。

**●縫法順序**

1 車縫前片和貼邊。在領縫止點加上剪牙口後翻至表面，稍微避開貼邊，燙整。

2 車縫前後片的肩，燙開縫份。

3 製作衣領。

4 接合衣領。

5 車縫前後片的脇邊，燙開縫份。

6 衣身的下襬進行M。將下襬往上折，盲縫。

7 車縫衣袖的褶。

8 車縫袖裡，燙開縫份。

9 將袖口往上折，盲縫。

10 接合衣袖。縫份要2片一起進行M。縫份要倒向衣袖側。

11 在前中心製作釦眼，縫上鈕釦。

2 7 10 11 3•4 1 5 9 6

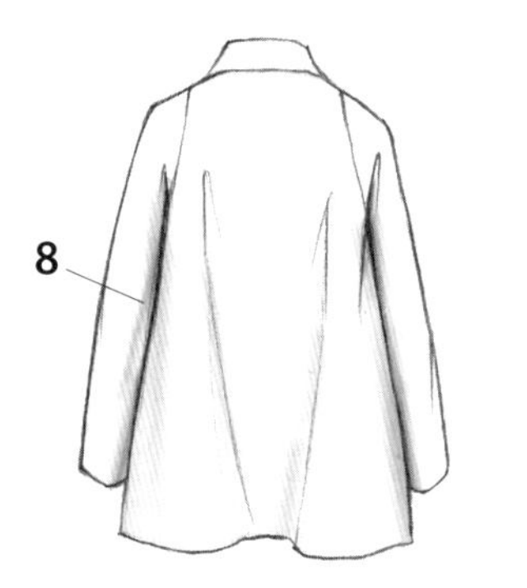


**裁片配置圖**

※未指定的縫份為1cm

※▒張貼黏著襯的位置

對摺 1.2 1.2 衣袖 1.2 1.2 2.5 1 前貼邊 0 表領 裏領 1.2 前片 1.2 2.5 1.2 後片 1.2 2.5

240·260cm

140cm寬

### 3 衣領的縫法

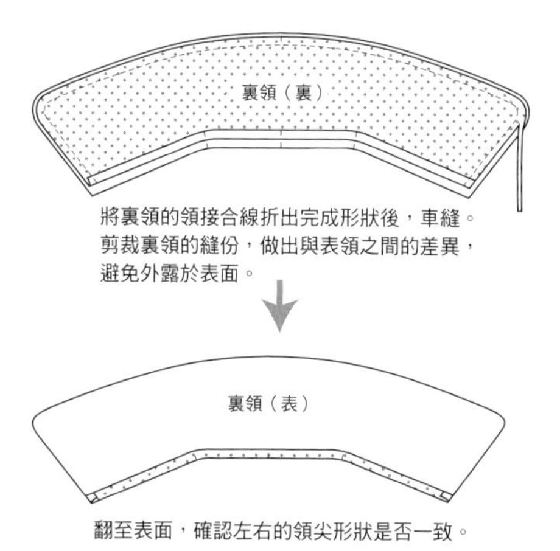


將裏領的領接合線折出完成形狀後，車縫。剪裁裏領的縫份，做出與表領之間的差異，避免外露於表面。

翻至表面，確認左右的領尖形狀是否一致。

### 7 衣袖打褶的縫法

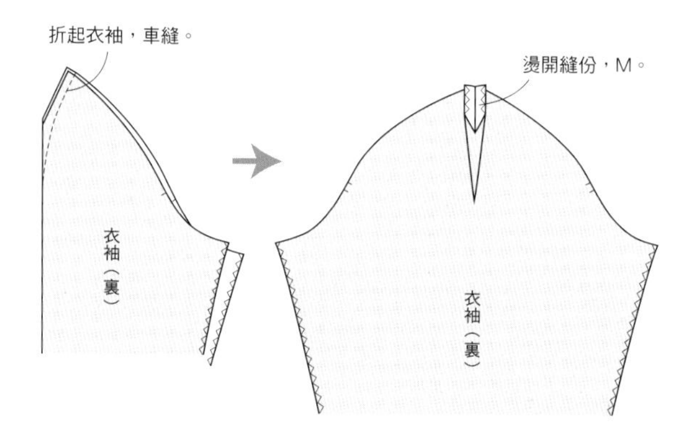

# Flared-coat

**Style 6 裙襬大衣**

**●必備紙型（背面）**

後片、前片、前貼邊、後領口貼邊、衣袖

**●材料**

表布＝140cm寬

（S、M）2m20cm

（ML、L）2m40cm

黏著襯＝90cm寬70cm

直徑1.5cm的鈕扣5顆

**●準備**

在貼邊、袖口貼上黏著襯。

後中心、前後片的肩、脇邊、下襬、袖裡、袖口進行M。

※M是「拷克（車布邊）」的簡稱。

**●縫法順序**

1　車縫後中心，燙開縫份。

2　車縫前後片的肩，燙開縫份。

3　車縫前後貼邊的肩，燙開縫份。貼邊的裏面進行M。

4　將衣身和貼邊正面相向疊合，接著繼續車縫貼邊下襬、前端、領口。

5　翻至表面，稍微避開貼邊，燙整。

6　車縫前後片的脇邊，燙開縫份。

7　將下襬往上折，盲縫。

8　車縫衣袖的褶（參考p.70）。

9　車縫袖裡，燙開縫份。

10　將袖口往上折，盲縫。

11　接合衣袖。縫份要2片一起進行M。縫份要倒向衣袖側。

12　在前中心製作釦眼，縫上鈕釦。

**下襬縫份的接合方法**

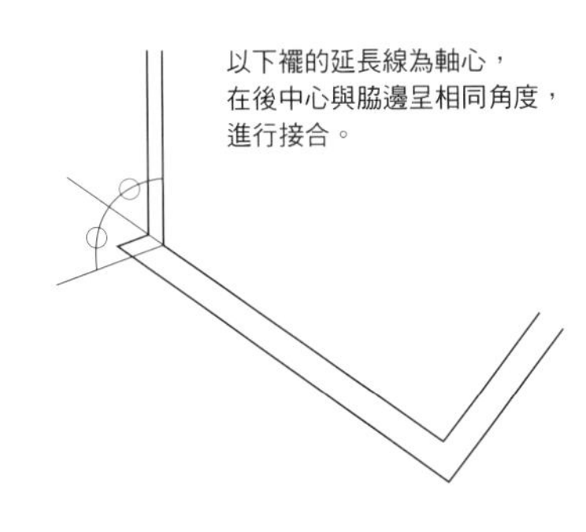


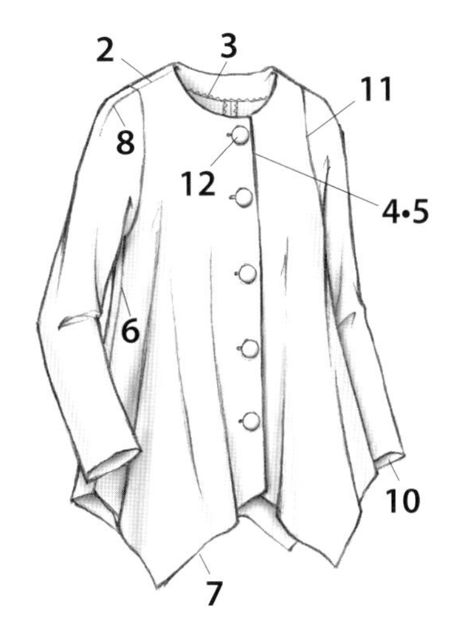


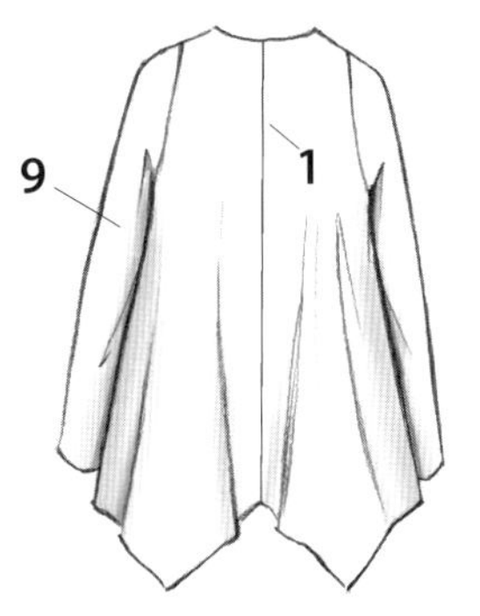

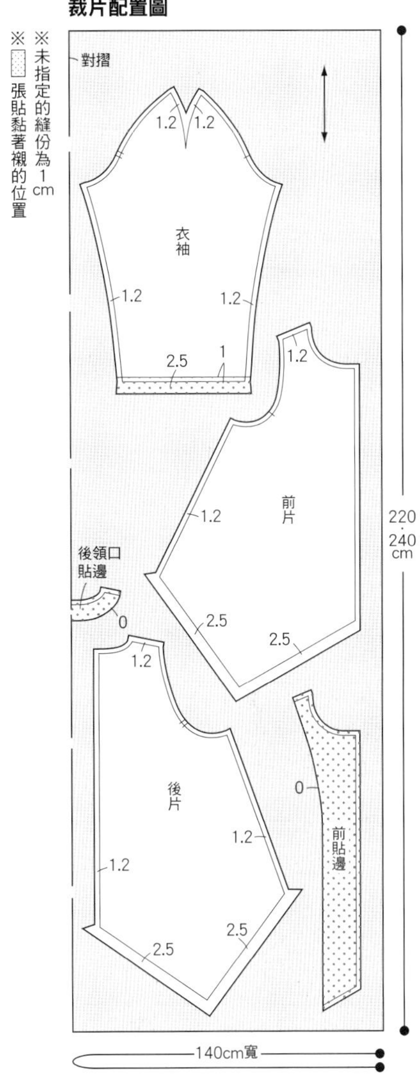

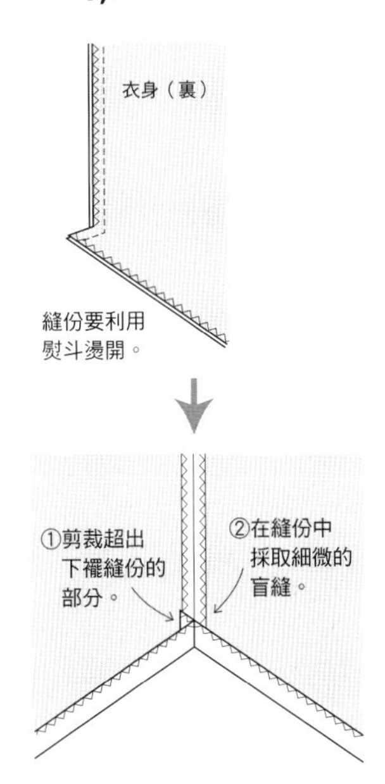


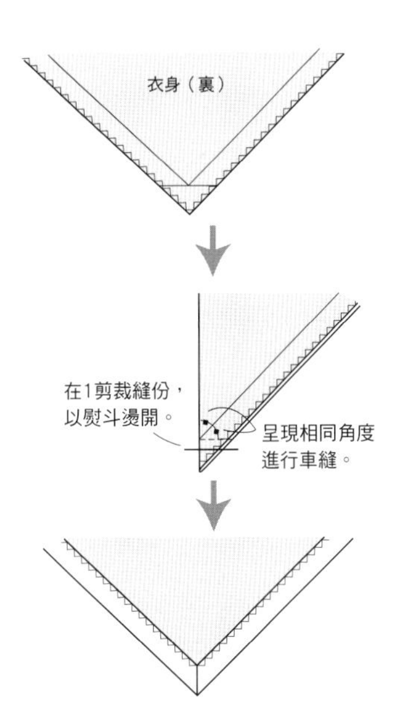

# Flared-coat

**Style 6** 裙襬大衣

page 38

**●必備紙型（背面）**

後片、前片、後拼接布、前拼接布、衣袖、貼布、腰繩

**●材料**

表布＝140cm寬

（S、M）2m10cm

（ML、L）2m30cm

黏著襯＝90cm寬80cm

直徑2cm的鈕扣5顆

**●準備**

在拼接布、前貼邊、袖口貼上黏著襯。

前後片的脇邊、貼邊的裏面、袖裡、袖口進行M。

※M是「拷克（車布邊）」的簡稱。

**●縫法順序**

1 車縫前後片的脇邊，燙開縫份。下襬進行M。

2 將貼布折成完成形狀，接合於衣身。

3 車縫衣袖的褶，燙開縫份（參考p.70）。

4 車縫袖裡，燙開縫份。

5 將袖口往上折，盲縫。

6 接合衣袖。縫份要2片一起進行M。縫份要倒向衣袖側。

7 車縫前後拼接布的肩，燙開縫份。

8 將表拼接布和裏拼接布正面相向疊合後，進行車縫。

9 翻至表面，稍微避開裏拼接布，燙整。

10 將貼邊折成完成形狀的衣身和拼接布正面相向疊合後，進行車縫。縫份要倒向拼接布側。

11 在拼接布加上壓縫線。

12 將下襬往上折，盲縫。

13 在前中心製作釦眼，縫上鈕釦。

14 製作腰繩，穿過貼布。

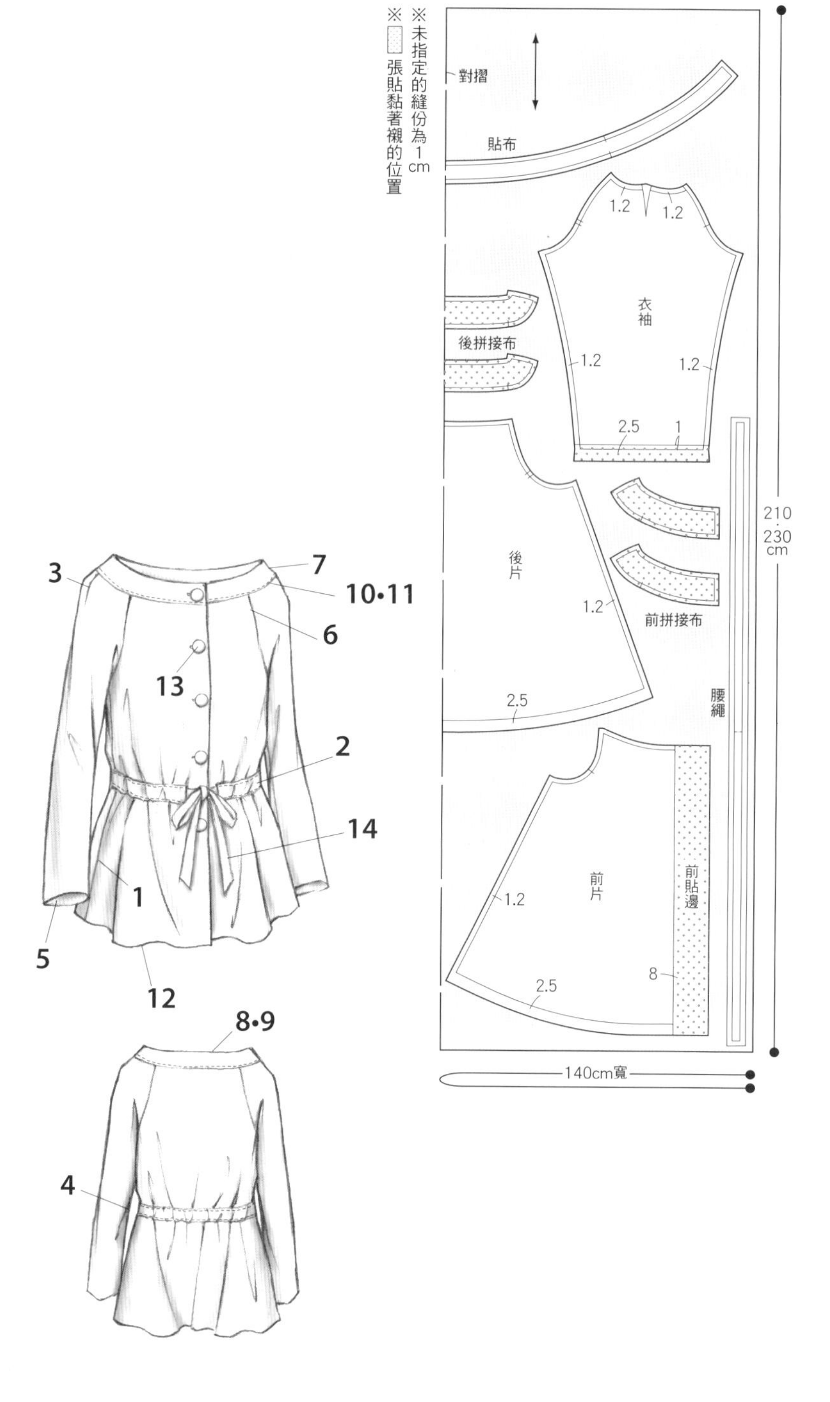

## 2 貼布的縫法

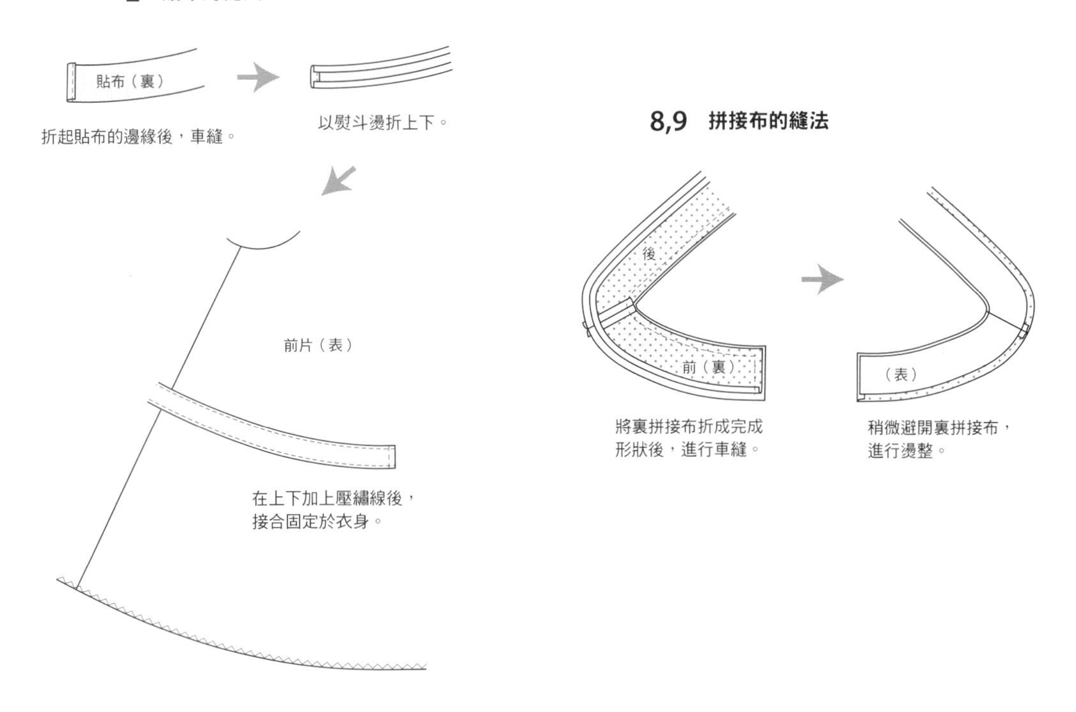


## 8,9 拼接布的縫法

將裏拼接布折成完成
形狀後，進行車縫。

稍微避開裏拼接布，
進行燙整。

## 10,11 拼接布的縫法

將衣身和拼接布正面相向疊合後，進行車縫。
將縫份倒向拼接布側。
以繚縫將裏拼接布固定在縫合線上。

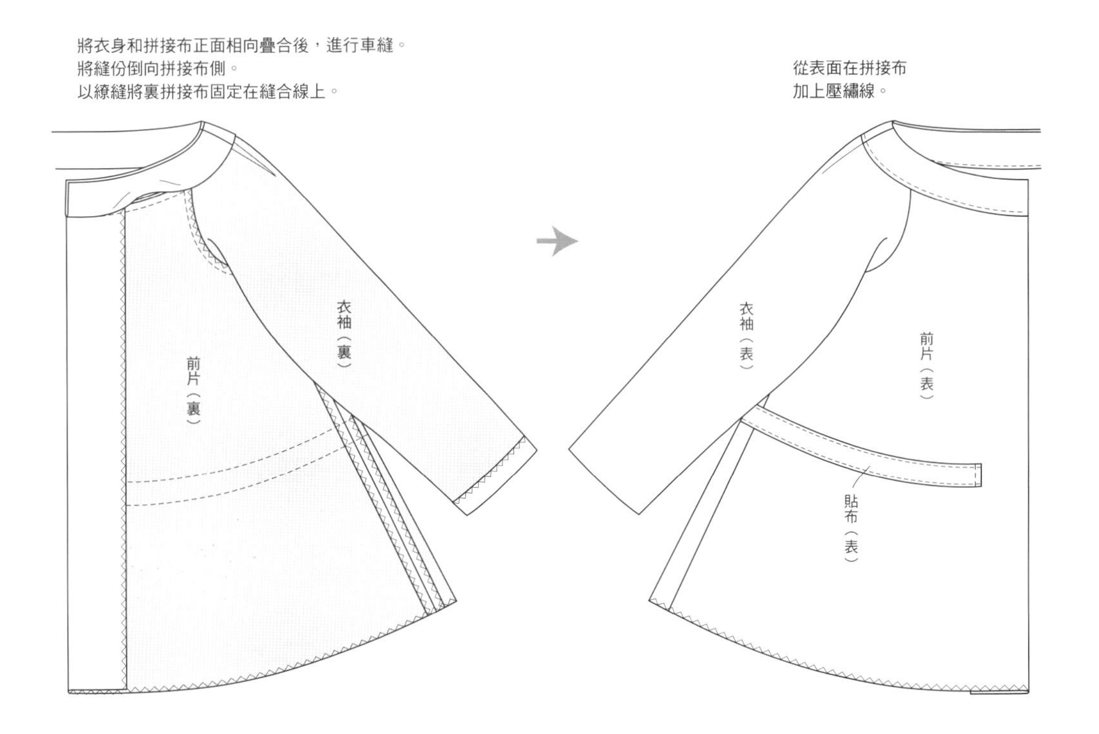


從表面在拼接布
加上壓繡線。

# Flared-coat

**Style 6** 裙襬大衣

應用 3 page 39

**●必備紙型（背面）**

後片、前片、衣袖、領口用斜裁布

**●材料**

表布＝140cm寬

（S、M）2m80cm

（ML、L）3m

**●準備**

前後片的脇邊、袖裡進行M。

※M是「拷克（車布邊）」的簡稱。

**●縫法順序**

1 將前片接合於外表，並以平接縫車縫衣領的後中心。

2 將領圍、前端折成三折後，盲縫。

3 車縫前後片的肩，縫份要2片一起進行M。縫份要倒向後側。

4 在後領口使用斜裁布，接合衣領。

5 車縫前後片的脇邊，燙開縫份。

6 將下襬折成三折後，盲縫。

7 車縫衣袖的褶後，進行M。縫份要倒向前袖側。

8 車縫袖裡，燙開縫份。

9 將袖口折成三折後，盲縫。

10 接合衣袖。縫份要2片一起進行M。縫份倒向衣袖側。

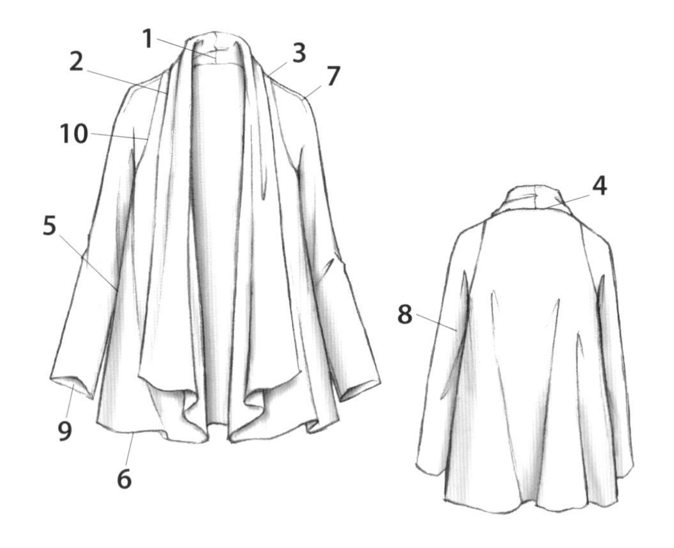


**裁片配置圖**

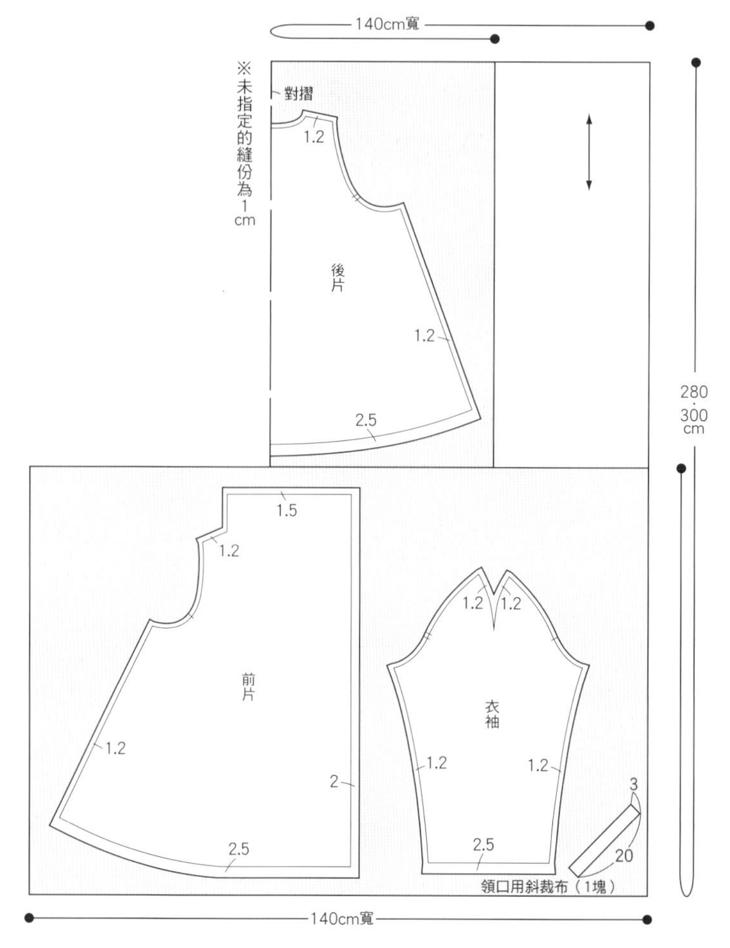

## 1～3 衣領的縫法

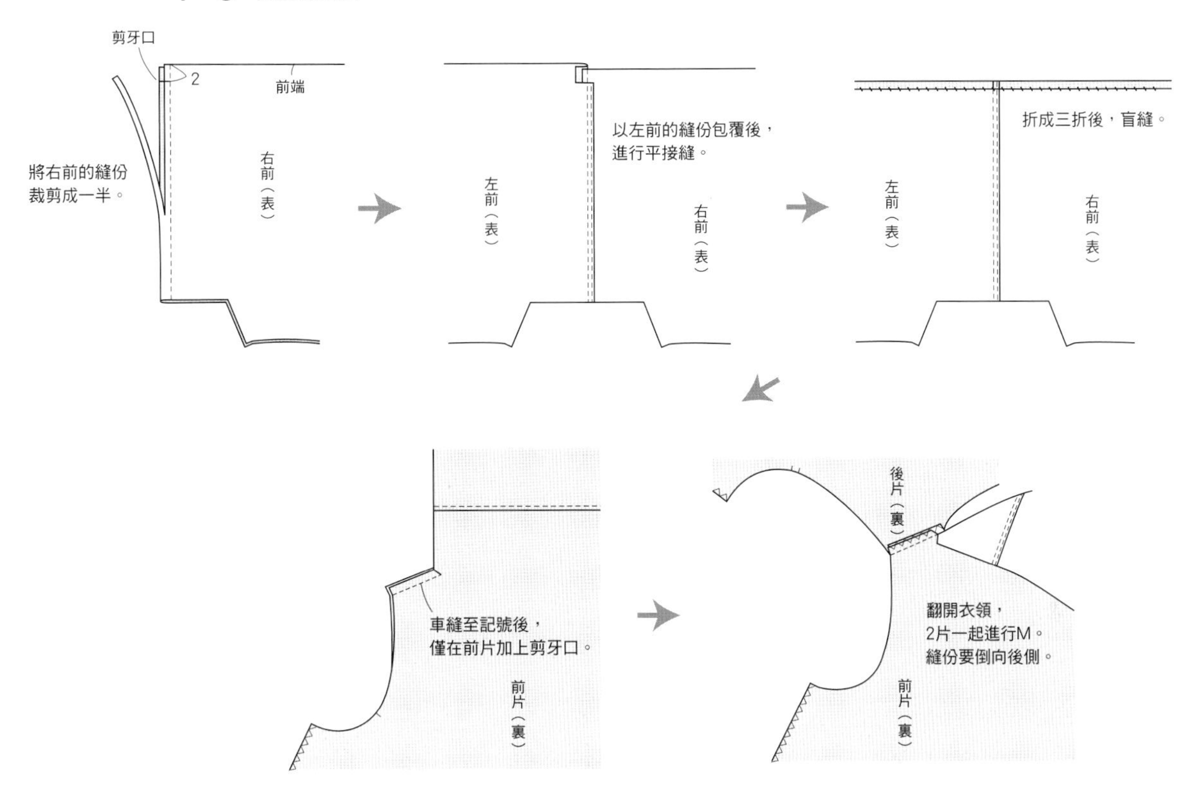


## 4 後領口的縫法

將後領口和前領縫止線正面相向疊合，
再進一步重疊上斜裁布後，車縫印記之間。
在領口加上剪牙口。

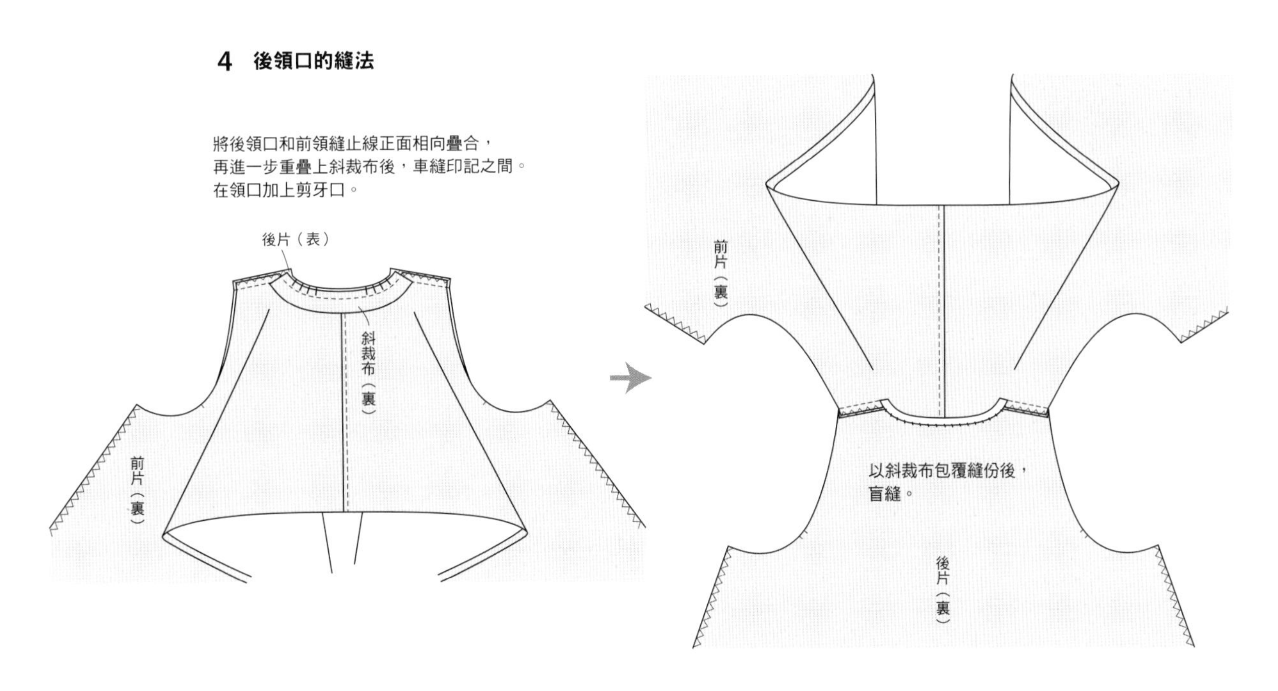

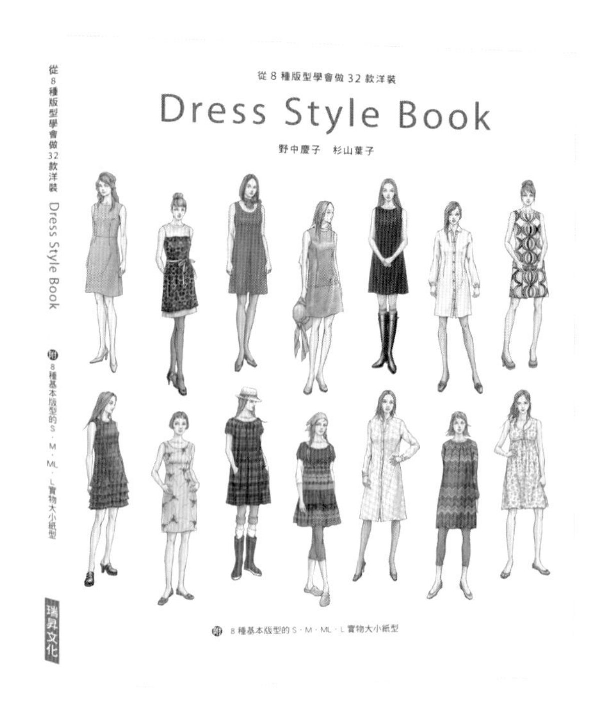


**從 8 種版型學會做 32 款洋裝**

21X26cm 88 頁
彩色 定價 320 元

我是洋裝控，就是愛做小洋裝！

雖說洋裝概括而言就是一件式的連身裙，然而依照剪裁、材質的不同，可以變化出各種多元款式。不同的設計穿在身上，亦可以呈現出不同氣質。雪紡碎花營造溫柔小女人，襯衫式扣領帶有知性都會風格，罩衫洋裝最適合森林少女……。不論上班、約會、休閒時光，簡簡單單，就可以穿出各種風貌。貪求方便直接單穿，或是精細混搭配件都 OK，可說是在塑造整體造形中，不可或缺的單品。因此，每個女孩的衣櫃中，一定要有小洋裝！

本書介紹 8 種款式，包括高腰、低腰、A 字、罩衫式、襯衫式……等百搭實穿的基本造型。以此為基礎，在剪裁、配色、布料上做變化，延伸多種應用與變化。不論是胸前的碎褶，或是裙襬設計，領圍與袖籠的開口，只要有微幅的調整，就能變化整體的印象。

書中基本、應用款皆有詳細製作步驟，隨書附贈原尺寸大張紙型，就算不熟悉裁縫的讀者，只要依照書中指示，相信一定能夠完成。此外還可以基本款式為基礎，依照個人的喜好，以及自己的體型做進一步的造型修改。掩飾缺點，突顯優點，來量身訂做最適合自己的小洋裝！

## 幸福手作 系列叢書

### 每一款都溫馨！給寶寶的衣服與小物

18X26cm 96頁
彩色 定價280元

本書依據零歲、一歲，媽媽使用的物品分為三大章節。媽媽使用的育兒物品，除了講求實用性，外形也相當雅致可愛，絕對可以成為照顧寶寶的好幫手！替家裡小小的新生命，溫柔手作衣服與小物吧！

### 給小朋友的手作布雜貨

21X26cm 88頁
彩色 定價300元

不管是小女生喜歡的粉紅蝴蝶結包包，還是小男生愛不釋手的淘氣推土車個性提包，款式眾多且符合各人喜好。各式各樣的生活雜貨有萬用提包、書包、便當袋、束口袋…等。訂做一個自己的專屬包包吧！

### 人氣名師拼布包代表作

21X26cm 160頁
彩色 定價400元

本書收錄每天都用得到的112款拼布手提包&波奇小包！書中匯集了25位日本拼布界名師的代表作品，均以詳細插圖搭配原尺寸紙型講解製作方式。打開本書，從你最喜歡的風格開始拼縫吧！

### 二手衣學院一年級生

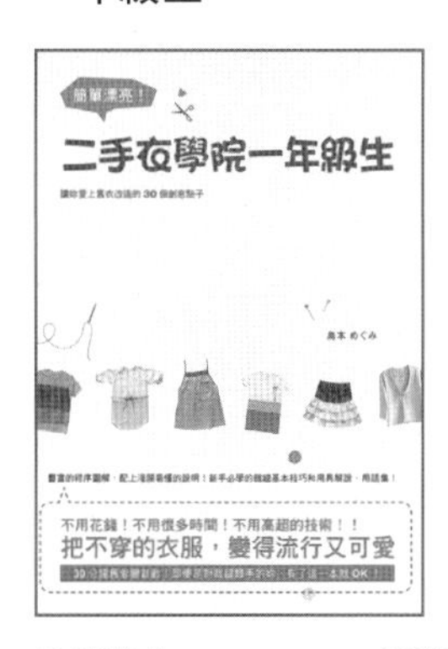


18.2X25.7cm 96頁
彩色 定價280元

『已經退流行的舊款式不想再穿了』、『一時衝動所買的衣服其實根本不是我的Style』、『舊衣物堆滿了我的衣櫃丟掉又很可惜』日本舊衣改造職人教您如何簡單又快速的完成一件舊衣的改造工程。

### 倉井美由紀教室機縫女裝筆記

21X26cm 80頁
彩色 定價300元

日本手工藝名師來授課：本書作者為日本擁有多家裁縫教室的知名老師。只要打開本書，就可以學到老師多年經驗累積成的私房絕竅，坐在家裡就可以跟著名師學裁縫！並貼心附錄原尺寸紙型！

### 新手沒在怕！所有包包一次學會

18X26cm 120頁
彩色 定價320元

即便你是像這樣的手作包初學者，仍然可以安心的享受手作樂趣！因為，本書所刊登的包款都附有紙型，方便各位讀者輕鬆製作，連縫製過程都透過彩色圖片，簡單易懂的進行解說喔！

### 小女生的裙裝&褲子24款

21X26cm 64頁
彩色 定價280元

將女兒打扮得像小公主一樣，是每個母親的夢想。親手挑選布料，進行裁縫……，依照自己的喜好與寶貝的性格，量身訂作專屬於她的服裝吧！媽媽們心動了嗎？快拿起針線縫製孩子的第一件手作服吧！

### 27款清瘦穿搭手作裙

21X26cm 64頁
彩色 定價280元

依據妳的喜好，裙子擁有多采多姿的穿搭法。我想任誰都想擁有幾件製作簡單，穿起來又漂亮的裙子。會縫製自己想要的裙子後，就可變化布料或長短再做一件。即使連新手也能輕鬆縫製裙子喔！

PROFILE

Dress design
野中慶子　Keiko Nonaka
昭和女子大學短期大學部初等教育學科畢業後，進入文化服裝學院，技術專攻科畢業。
曾任該學院講師，現在於文化服裝學院服裝設計科擔任教授。
獲頒財團法人衣服研究振興會第17回「衣服研究獎勵賞」。

Illustration
杉山葉子　Yoko Sugiyama
文化服裝學院服裝設計科畢業。
曾任該學院流行時尚設計畫講師，現在旅居於義大利的莫迪納。
以自由的流行時尚設計師、流行時尚畫家的身分活躍於義大利與日本。

TITLE
從6種版型學會做24款外套

STAFF

| | |
|---|---|
| 出版 | 瑞昇文化事業股份有限公司 |
| 作者 | 野中慶子 |
| | 杉山葉子 |
| 譯者 | 羅淑慧 |
| 監譯 | 大放譯彩翻譯事業有限公司 |
| 總編輯 | 郭湘齡 |
| 責任編輯 | 王瓊苹 |
| 文字編輯 | 林修敏　黃雅琳 |
| 美術編輯 | 謝彥如 |
| 排版 | 二次方數位設計 |
| 製版 | 明宏彩色照相製版股份有限公司 |
| 印刷 | 皇甫彩藝印刷股份有限公司 |
| 戶名 | 瑞昇文化事業股份有限公司 |
| 劃撥帳號 | 19598343 |
| 地址 | 新北市中和區景平路464巷2弄1-4號 |
| 電話 | (02)2945-3191 |
| 傳真 | (02)2945-3190 |
| 網址 | www.rising-books.com.tw |
| Mail | resing@ms34.hinet.net |
| 本版日期 | 2015年2月 |
| 定價 | 320元 |

ORIGINAL JAPANESE EDITION STAFF

| | |
|---|---|
| 発行者 | 大沼　淳 |
| ブックデザイン | 岡山とも子 |
| デジタルトレース | 薄井年夫 |
| パターングレーディング | 上野和博 |
| 校閲 | 向井雅子 |
| 作り方解説 | 小林涼子 |
| 協力 | 文化学園ファッションリソースセンター |
| 編集協力 | 山崎舞華 |
| 編集 | 平山伸子（文化出版局） |

國家圖書館出版品預行編目資料

從6種版型學會做24款外套 / 野中慶子,
杉山葉子作；羅淑慧譯. -- 新北市：瑞昇
文化, 2013.12
80面；21*26公分

ISBN 978-986-5749-12-5(平裝)
1.服裝設計　2.女裝

423.23　　102025718